国家基本职业培训包（指南包 课程包）

形象设计师

人力资源社会保障部职业能力建设司编制

中国劳动社会保障出版社

图书在版编目(CIP)数据

形象设计师 / 人力资源社会保障部职业能力建设司编制. -- 北京：中国劳动社会保障出版社，2023

国家基本职业培训包：指南包　课程包

ISBN 978-7-5167-5686-7

Ⅰ. ①形… Ⅱ. ①人… Ⅲ. ①个人 – 形象 – 设计 – 职业培训 – 教材　Ⅳ. ①B834.3

中国版本图书馆 CIP 数据核字（2022）第 216000 号

中国劳动社会保障出版社出版发行

（北京市惠新东街 1 号　邮政编码：100029）

*

三河市华骏印务包装有限公司印刷装订　新华书店经销

880 毫米 ×1230 毫米　16 开本　5.25 印张　92 千字

2023 年 6 月第 1 版　2023 年 11 月第 2 次印刷

定价：16.00 元

营销中心电话：400-606-6496

出版社网址：http://www.class.com.cn

版权专有　　侵权必究

如有印装差错，请与本社联系调换：（010）81211666

我社将与版权执法机关配合，大力打击盗印、销售和使用盗版图书活动，敬请广大读者协助举报，经查实将给予举报者奖励。

举报电话：（010）64954652

编 制 说 明

为深入贯彻落实党的二十大关于"健全终身职业技能培训制度"的部署要求，按照《"十四五"职业技能培训规划》有关职业培训包开发应用工作安排，我部将修订完善和组织开发一批培训需求量大的国家基本职业培训包，在全国范围内培育一批职业培训包应用培训机构。

职业培训包开发工作是新时期职业培训领域的一项重要基础性工作，旨在形成以综合职业能力培养为核心、以技能水平评价为导向，实现职业培训全过程管理的职业技能培训体系，这对于进一步提高培训质量，加强职业培训规范化、科学化管理，促进职业培训与就业需求的有效衔接，推行终身职业技能培训制度具有积极的作用。

国家基本职业培训包由指南包、课程包和资源包三个子包构成，是集培养目标、培训要求、培训内容、课程规范、考核大纲、教学资源等为一体的职业培训资源总和，是职业培训机构对劳动者开展政府补贴职业培训服务的工作规范和指南。

国家基本职业培训包遵循《职业培训包开发技术规程（试行）》的要求，依据国家职业技能标准和企业岗位技术规范，结合新经济、新产业、新职业发展编制，力求客观反映现阶段本职业（工种）的技术水平、对从业人员的要求和职业培训教学规律。

《国家基本职业培训包（指南包 课程包）——形象设计师》是在各有关

编制说明

专家的共同努力下完成的。参加编审的主要人员有张晓妍、胡思云、江洁、蔡克菲、王慧、王莺、曹青、蒋晓梅、闵依纯、叶萍、谢晶婷、周鸣驰，以及张文英、范丛博、周宇、毛晓青、周京红、葛玉珍等行业专家，在编制过程中得到了上海第二工业大学、上海市第二轻工业学校、上海邦德职业技术学院、上海美发美容行业协会、上海戏剧学院、山东省潍坊商业学校、山东科技职业学院等有关单位的大力支持，在此一并致谢。

人力资源社会保障部职业能力建设司

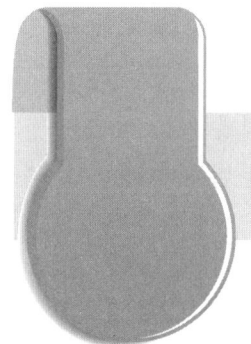

目 录

1 指南包

1.1 职业培训包使用指南 …………………………………………………… 002
- 1.1.1 职业培训包结构与内容 ……………………………………………… 002
- 1.1.2 培训课程体系介绍 …………………………………………………… 003
- 1.1.3 培训课程选择指导 …………………………………………………… 010

1.2 职业指南 ……………………………………………………………… 011
- 1.2.1 职业描述 ……………………………………………………………… 011
- 1.2.2 职业培训对象 ………………………………………………………… 011
- 1.2.3 就业前景 ……………………………………………………………… 011

1.3 培训机构设置指南 …………………………………………………… 012
- 1.3.1 师资配备要求 ………………………………………………………… 012
- 1.3.2 培训场所设备配置要求 ……………………………………………… 012
- 1.3.3 教学资料配备要求 …………………………………………………… 015
- 1.3.4 管理人员配备要求 …………………………………………………… 016
- 1.3.5 管理制度要求 ………………………………………………………… 016

2 课 程 包

2.1 培训要求 ……………………………………………………………… 018
- 2.1.1 职业基本素质培训要求 ……………………………………………… 018
- 2.1.2 五级/初级工职业技能培训要求 …………………………………… 020

目录

  2.1.3 四级/中级工职业技能培训要求 ······ 022
  2.1.4 三级/高级工职业技能培训要求 ······ 024
  2.1.5 二级/技师职业技能培训要求 ······ 026
  2.1.6 一级/高级技师职业技能培训要求 ······ 028
 2.2 课程规范 ······ 029
  2.2.1 职业基本素质培训课程规范 ······ 029
  2.2.2 五级/初级工职业技能培训课程规范 ······ 038
  2.2.3 四级/中级工职业技能培训课程规范 ······ 045
  2.2.4 三级/高级工职业技能培训课程规范 ······ 051
  2.2.5 二级/技师职业技能培训课程规范 ······ 056
  2.2.6 一级/高级技师职业技能培训课程规范 ······ 061
  2.2.7 培训建议中培训方法说明 ······ 065
 2.3 考核规范 ······ 066
  2.3.1 职业基本素质培训考核规范 ······ 066
  2.3.2 五级/初级工职业技能培训理论知识考核规范 ······ 069
  2.3.3 五级/初级工职业技能培训操作技能考核规范 ······ 070
  2.3.4 四级/中级工职业技能培训理论知识考核规范 ······ 070
  2.3.5 四级/中级工职业技能培训操作技能考核规范 ······ 071
  2.3.6 三级/高级工职业技能培训理论知识考核规范 ······ 072
  2.3.7 三级/高级工职业技能培训操作技能考核规范 ······ 073
  2.3.8 二级/技师职业技能培训理论知识考核规范 ······ 073
  2.3.9 二级/技师职业技能培训操作技能考核规范 ······ 074
  2.3.10 一级/高级技师职业技能培训理论知识考核规范 ······ 075
  2.3.11 一级/高级技师职业技能培训操作技能考核规范 ······ 076

1 指南包

1.1 职业培训包使用指南

1.1.1 职业培训包结构与内容

形象设计师职业培训包由指南包、课程包、资源包三个子包构成，结构如图1所示。

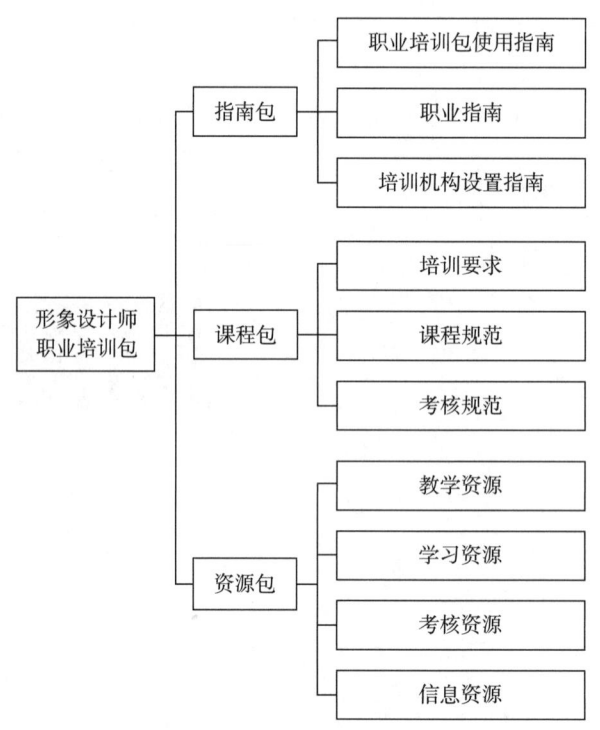

图1 职业培训包结构图

指南包是指导培训机构、培训教师与学员开展职业培训的服务性内容总和，包括职业培训包使用指南、职业指南和培训机构设置指南。职业培训包使用指南是培训教师与学员了解职业培训包内容、选择培训课程、使用培训资源的说明性文本，职业指南是对职业信息的概述，培训机构设置指南是对培训机构开展职业培训提出的具体要求。

课程包是培训机构与教师实施职业培训、培训学员接受职业培训必须遵守的规范总和，包括培训要求、课程规范、考核规范。培训要求是参照国家职业技能标准、结合职业岗位工作实际需求制定的职业培训规范；课程规范是依据培训要求、结合职业培训教学规律，对课程内容、培训方法、课堂学时等所做的统一规定；考核规范是针对课程规范中所规定的课程内容开发的，能够科学评价培训学员过程性学习效果与终结性培训成果的规则，是客观衡量培训学员职业基本素质与职业技能水平的标准，也是实施职业培训过程性与终结性考核的依据。

资源包是依据课程包要求，基于培训学员特征，遵循职业培训教学规律，应用先进职业培训课程理念开发的多媒介、多形式的职业培训与考核资源总和，包括教学资源、学习资源、考核资源和信息资源。教学资源是为培训教师组织实施职业培训教学活动提供的相关资源，学习资源是为培训学员学习职业培训课程提供的相关资源，考核资源是为培训机构和教师实施职业培训考核提供的相关资源，信息资源是为培训教师和学员拓宽视野提供的体现科技进步、职业发展的相关动态资源。

1.1.2　培训课程体系介绍

形象设计师职业培训课程体系依据职业技能等级分为职业基本素质培训课程、五级/初级工职业技能培训课程、四级/中级工职业技能培训课程、三级/高级工职业技能培训课程、二级/技师职业技能培训课程和一级/高级技师职业技能培训课程，每一类课程包含模块、课程和学习单元三个层级。形象设计师职业培训课程体系均源自本职业培训包课程包中的课程规范，以学习单元为基础，形成职业层次清晰、内容丰富的"培训课程超市"。

形象设计师职业培训课程学时分配一览表

职业技能等级	课堂学时		其他学时	培训总学时
	职业基本素质培训课程	职业技能培训课程		
五级/初级工	60	76	264	400
四级/中级工	40	68	252	360
三级/高级工	20	52	248	320
二级/技师	10	49	61	120
一级/高级技师	0	48	72	120

注：课堂学时是指培训机构开展的理论课程教学及实操课程教学的建议最低学时数。除课堂学时外，培训总学时还应包括岗位实习、现场观摩、自学自练等其他学时。

（1）职业基本素质培训课程

模块	课程	学习单元	课堂学时
1. 职业与职业道德	1-1 职业认知	职业认知	1
	1-2 职业道德基本知识	职业道德基本知识	1
	1-3 职业守则	形象设计师职业守则	1
2. 形象设计基础知识	2-1 形象设计起源与发展	（1）形象设计概述	1
		（2）中国形象设计发展简史	2
		（3）西方形象设计发展简史	2
	2-2 形象设计美学基本原理	（1）美与人体审美	1
		（2）形象设计要素	1
		（3）形象设计形式美原则	1
	2-3 形象设计分类	（1）生活形象	1
		（2）舞台影视形象	1
		（3）时尚展示形象	1
3. 素描与色彩基础知识	3-1 素描基础知识	（1）素描概述	1
		（2）素描工具及学习准备	1
		（3）几何体素描	1
		（4）人物肖像素描	1
	3-2 色彩基础知识	（1）色彩学认知	1
		（2）色彩观察写生	1
		（3）色彩配置设计实践	2
4. 服饰基础知识	4-1 服装起源与发展规律	服装起源与发展规律	2
	4-2 服装基本款型	服装基本款型	1
	4-3 服装色彩	（1）服装色彩基本配色方法	1
		（2）服装色彩表现风格	1
	4-4 服装面料	服装面料	1
	4-5 服装分类与特征	服装分类与特征	1
5. 化妆基础知识	5-1 化妆美学	（1）化妆色彩之美	1
		（2）化妆形状之美	1
		（3）化妆气质之美	1
	5-2 化妆品及化妆工具选用	（1）化妆品选用	1
		（2）化妆工具选用	1

续表

模块	课程	学习单元	课堂学时
5. 化妆基础知识	5-3 面部皮肤护理基础知识	（1）清洁与妆前护理	1
		（2）卸妆与保养	1
	5-4 化妆妆型分类	化妆妆型分类	1
6. 发型基础知识	6-1 头发护理知识	头发护理知识	1
	6-2 发型分类与表现风格	发型分类与表现风格	1
	6-3 发型与脸形的关系	发型与脸形的关系	1
	6-4 发型与形象设计的关系	发型与形象设计的关系	1
	6-5 发型工具分类与使用	发型工具分类与使用	1
7. 美甲基础知识	7-1 指甲结构、生长及异常处理	（1）指甲结构与生长	1
		（2）指甲异常处理	1
	7-2 美甲工具分类	美甲工具分类	1
	7-3 甲油、甲油胶分类与特点	甲油、甲油胶分类与特点	1
	7-4 贴片甲分类、特点与颜色	贴片甲分类、特点与颜色	1
	7-5 彩绘甲特点与表现方法	彩绘甲特点与表现方法	1
8. 形象设计师职业形象	8-1 形象设计师仪容仪表	形象设计师仪容仪表	1
	8-2 形象设计师语言规范	形象设计师语言规范	1
	8-3 形象设计师服务礼仪	形象设计师服务礼仪	1
9. 顾客心理学	9-1 心理学与顾客心理学概述	心理学与顾客心理学概述	1
	9-2 顾客心理分析	顾客心理分析	1
	9-3 顾客消费动机分析	顾客消费动机分析	1
10. 卫生消毒与消防安全	10-1 卫生消毒	（1）微生物常识	1
		（2）器具卫生消毒	1
		（3）场所卫生消毒	1
	10-2 消防安全	消防安全	1
11. 相关法律、法规知识	11-1 相关法律知识	相关法律知识	1
	11-2 相关法规知识	相关法规知识	1
课堂学时合计			60

注：本表所列为五级/初级工职业基本素质培训课程，其他等级职业基本素质培训课程以本表为基础，按"形象设计师职业培训课程学时分配一览表"中相应的课堂学时要求进行必要的调整。

(2) 五级／初级工职业技能培训课程

模块	课程	学习单元	课堂学时
1．形象咨询与定位	1-1　形象咨询	(1) 顾客接待与迎送	1
		(2) 顾客咨询与档案填写	2
	1-2　形象定位	(1) 形象分类	1
		(2) 形象定位原则	1
		(3) 生活形象设计定位	1
2．服饰设计与搭配	2-1　服饰设计	(1) 服饰款型与配色	2
		(2) 日常服饰设计方法	2
		(3) 职业服饰设计方法	2
	2-2　服饰搭配	(1) 服饰选择技巧	4
		(2) 服饰搭配技巧	6
3．化妆设计与造型	3-1　化妆设计	(1) 化妆分类与特征	2
		(2) 化妆基本审美依据	1
		(3) 化妆配色原则	1
	3-2　化妆造型	(1) 化妆造型基本流程	2
		(2) 不同妆型化妆技法	6
		(3) 顾客外貌特征与化妆实施	4
		(4) 不同妆型配色方法	2
4．发型设计与造型	4-1　发型设计	(1) 发型分类与特点	1
		(2) 发型设计要点	1
		(3) 发型与顾客条件的匹配	2
		(4) 发饰选用	1
	4-2　发型造型	(1) 发型用具、用品的选择与使用	3
		(2) 发型制作	8
		(3) 发饰搭配	2
5．美甲设计与造型	5-1　美甲设计	(1) 指甲护理基础	2
		(2) 甲形设计	2
		(3) 美甲色彩设计	1
	5-2　美甲造型	(1) 不同类型指甲护理	6
		(2) 修甲	3
		(3) 甲油、甲油胶涂抹与卸除	4
课堂学时合计			76

(3) 四级 / 中级工职业技能培训课程

模块	课程	学习单元	课堂学时
1. 形象咨询与定位	1-1 形象咨询	(1) 顾客档案管理与维护	1
		(2) 面部护理指导	1
		(3) 新娘形象管理需求分析	1
	1-2 形象定位	(1) 新娘形象测试	2
		(2) 新娘形象风格定位	1
2. 服饰设计与搭配	2-1 服饰设计	(1) 新娘礼服类型设计	1
		(2) 新娘礼服款型修饰设计	1
		(3) 新娘礼服色调修饰设计	1
	2-2 服饰搭配	(1) 甜美风格新娘礼服搭配	1
		(2) 高贵风格新娘礼服搭配	1
		(3) 中式风格新娘礼服搭配	2
3. 化妆设计与造型	3-1 化妆设计	(1) 新娘化妆分类与特点	1
		(2) 新娘化妆方案制订	1
		(3) 不同场合的新娘化妆设计	2
	3-2 化妆造型	(1) 新娘妆前面部护理	1
		(2) 新娘妆调整技法	4
		(3) 新娘妆与服饰、婚礼主题搭配	1
		(4) 新娘妆化妆操作	4
4. 发型设计与造型	4-1 发型设计	(1) 新娘发型设计要点	1
		(2) 新娘发型设计方案制订	1
	4-2 发型造型	(1) 新娘发型刘海造型	3
		(2) 新娘发型量感造型	3
		(3) 新娘发型制作工具	1
		(4) 新娘发型制作	4
		(5) 甜美风格新娘发型制作	6
		(6) 高贵风格新娘发型制作	6
		(7) 中式风格新娘发型制作	6
5. 美甲设计与造型	5-1 美甲设计	(1) 新娘美甲贴片选择	1
		(2) 新娘款式甲分类与设计	2
	5-2 美甲造型	(1) 新娘款式甲制作	3
		(2) 不同风格新娘的甲片制作	4
课堂学时合计			68

（4）三级／高级工职业技能培训课程

模块	课程	学习单元	课堂学时
1. 形象咨询与定位	1-1 形象咨询	（1）顾客咨询服务与指导	1
		（2）宴会形象设计方案制订	1
	1-2 形象定位	（1）个人形象定位与流行元素应用	2
		（2）宴会形象定位	1
2. 服饰设计与搭配	2-1 服饰设计	（1）宴会服饰设计思维与配色应用	1
		（2）宴会服饰分类与设计	1
	2-2 服饰搭配	宴会服饰搭配	2
3. 化妆设计与造型	3-1 化妆设计	（1）宴会妆分类与特点	1
		（2）流行色与宴会妆配色方案制订	1
		（3）不同场合宴会妆设计方案制订	1
	3-2 化妆造型	（1）人物风格、社会角色与宴会化妆	1
		（2）宴会类型与化妆配色	2
		（3）宴会类型与化妆技法	4
4. 发型设计与造型	4-1 发型设计	（1）发型效果图绘制	2
		（2）假发设计要点	1
		（3）宴会发型设计要点	1
		（4）宴会发型设计方案制订	1
	4-2 发型造型	（1）风格发型梳理	4
		（2）假发和真发结合的造型方法	4
		（3）宴会发型梳理与装饰	4
5. 美甲设计与造型	5-1 美甲设计	（1）个性美甲设计	1
		（2）美甲款式设计	1
	5-2 美甲造型	（1）风格款式甲制作	4
		（2）美甲饰品应用	4
		（3）手绘美甲	2
		（4）宴会甲设计与制作	4
课堂学时合计			52

(5) 二级 / 技师职业技能培训课程

模块	课程	学习单元	课堂学时
1. 服饰设计与搭配	1-1 服饰设计	(1) 时尚服饰设计	1
		(2) 时尚表演服饰设计	1
	1-2 服饰搭配	(1) 科技新风主题时尚展示搭配	2
		(2) 民族风主题时尚展示搭配	2
2. 化妆设计与造型	2-1 化妆设计	(1) 时尚化妆设计	1
		(2) 面部彩绘设计	1
		(3) 时尚表演化妆设计	1
	2-2 化妆造型	(1) 时尚化妆造型	4
		(2) 时尚面部彩绘	4
		(3) 时尚表演化妆造型	4
		(4) 应急换妆	2
3. 发型设计与造型	3-1 发型设计	(1) 时尚发型设计	1
		(2) 时尚表演发型设计	1
	3-2 发型造型	(1) 时尚发型造型方法	4
		(2) 创意发型附件制作	3
		(3) 流行元素与时尚发型制作	4
		(4) 时尚表演发型制作	4
4. 培训与管理	4-1 培训	(1) 教学大纲编写	2
		(2) 技术培训实施	1
		(3) 技能指导与考核	1
		(4) 专业技术报告撰写	2
	4-2 管理	(1) 服务质量管理	1
		(2) 服务质量评估与提升	1
		(3) 店务日常管理	1
课堂学时合计			49

(6) 一级/高级技师职业技能培训课程

模块	课程	学习单元	课堂学时
1. 服饰设计与搭配	1-1 服饰设计	(1) 艺术创意服饰搭配与制作设计方案制订	1
		(2) 艺术创意服饰效果图绘制	2
	1-2 服饰搭配	(1) 艺术创意服饰制作与改造	4
		(2) 创意配饰制作	2
2. 化妆设计与造型	2-1 化妆设计	(1) 艺术创意妆容设计	2
		(2) 创意彩绘设计	1
		(3) 创意面饰设计	1
	2-2 化妆造型	(1) 艺术创意妆容塑造	4
		(2) 艺术创意彩绘绘制	3
		(3) 艺术创意面饰制作	3
3. 发型设计与造型	3-1 发型设计	(1) 主题创意发型设计	2
		(2) 主题创意发型假发件设计	2
		(3) 主题创意发型发饰设计	2
	3-2 发型造型	(1) 主题创意发型制作	4
		(2) 主题创意发饰制作	4
4. 培训与管理	4-1 培训	(1) 教学活动方案编写	2
		(2) 培训实施	1
		(3) 形象设计培训实施评估	1
		(4) 专业技术创新报告撰写	4
	4-2 管理	(1) 技术管理与创新	1
		(2) 市场行业动态分析	1
		(3) 店务运营与营销管理	1
课堂学时合计			48

1.1.3 培训课程选择指导

职业基本素质培训课程为必修课程，相当于本职业的入门课程。各级别职业技能培训课程由培训机构教师根据培训学员实际情况，遵循高级别涵盖低级别的原则进行选择。

原则上，初入职的培训学员应学习职业基本素质培训课程和五级/初级工职业技能培训课程的全部内容，有职业技能等级提升需求的培训学员，可按照国家职业技能标准的"鉴定要求"，对照自身需求选择更高等级的培训课程。

具有一定从业经验、无职业技能等级晋升要求的培训学员，可根据自身实际情况自主选择本职业培训课程体系。具体方法为：(1)选择课程模块；(2)在模块中筛选课程；(3)在课程中筛选学习单元；(4)组合成本次培训的整个课程。

培训教师可以根据以上方法对培训学员进行单独指导。对于订单培训，培训教师可以按照如上方法，对照订单需求进行培训课程的选择。

1.2 职业指南

1.2.1 职业描述

形象设计师是运用美学原理、设计方法、造型手段，对人的自然形态进行有目的的整体形象再塑造的人员。

1.2.2 职业培训对象

参加形象设计师职业培训的对象主要包括：城乡未继续升学的应届初/高中毕业生、农村转移就业劳动者、城镇登记失业人员、转岗转业人员、退役军人、企业在职职工和高校毕业生等各类有培训需求的人员。

1.2.3 就业前景

形象设计师的工作岗位有形象咨询师、服装设计师、服饰搭配师、(服饰)色彩搭配师、化妆师、美发师、美甲师等，还可以进一步发展为形象设计培训师、形象设计培训教务长、形象设计培训研发师、门店店长等行政技术岗位，并拓展私人衣橱顾问、私人形象设计高级定制、化妆造型设计品牌等高端业务，可以在一站式婚礼中心、新媒体公司、演艺公司、演出团体、奢侈品牌、时尚刊物、色彩研发机构、剧院等企事业单位从事相关工作。此外，形象设计师岗位因涉及多项技能，适合从业者独立经营形象设计服务业务，开展创新创业活动。

1.3　培训机构设置指南

1.3.1　师资配备要求

（1）培训教师任职基本条件

1）培训形象设计师五级/初级工、四级/中级工、三级/高级工的教师应具有本职业二级/技师及以上职业资格证书（技能等级证书）或相关专业中级及以上专业技术职务任职资格。

2）培训形象设计师二级/技师的教师应具有本职业一级/高级技师职业资格证书（技能等级证书）或相关专业高级专业技术职务任职资格。

3）培训形象设计师一级/高级技师的教师应具有本职业一级/高级技师职业资格证书（技能等级证书）2年以上或相关专业高级专业技术职务任职资格。

（2）培训教师数量要求（以20人培训班为基准）

1）理论课教师：2人以上（含2人）；培训规模超过20人的，按教师与学员之比不低于1∶15配备教师。

2）实训指导教师：2人以上（含2人）；培训规模超过20人的，按教师与学员之比不低于1∶15配备教师。

1.3.2　培训场所设备配置要求

培训场所设备配置要求如下（以20人培训班为基准）：

（1）理论知识培训场所设备配置要求：60 m² 以上标准教室，多媒体教学设备（计算机、投影仪、幕布或显示屏、网络接入设备、音响设备、摄影摄像设备等），黑板，20套以上多功能桌椅，20个以上具有独立存储空间的储物柜，符合照明、通风、安全等相关规定。

（2）操作技能培训场所设备配置要求：实训工位充足，设备设施配套齐全，符合环保、劳保、安全、卫生、消防、通风、照明等相关规定及安全规程。

其中：形象设计师（五级/初级工、四级/中级工、三级/高级工）培训场所应具备教师演示和学员练习两个功能，包括：服饰设计与搭配、化妆设计与造型、发型设计与造型、美甲设计与造型等工作区域，以及配套的教学工具储藏室、衣帽间、更衣室、盥洗设备、温控系统等；形象设计师（二级/技师、一级/高级技师）的培训场所可增加创意服装和配饰制作工作室、作品展示功能区等。

实训用具设备及其他物品、材料等配置要求对照表

序号	用具设备及其他物品、材料	数量或规格说明	等级				
			五级/初级工	四级/中级工	三级/高级工	二级/技师	一级/高级技师
1	服饰搭配测试工具	与人数配套	√	—	√	—	—
2	不同款型的婚礼服装	若干	—	√	—	—	—
3	不同款型的宴会服装	若干	—	—	√	—	—
4	婚礼、晚宴饰品	若干	—	√	√	—	—
5	衣柜	与服饰数量配套	√	√	√	√	√
6	衣架	与服饰数量配套	√	√	√	√	√
7	服装改制人台	10个	√	—	√	√	√
8	服装改制工具	与人台数量配套	√	—	√	√	√
9	裁剪台	2个	√	—	√	√	√
10	缝纫机	与人台数量配套	√	—	√	√	√
11	烫台	2个	√	—	√	√	√
12	冷暖光化妆镜台	10个及以上	√	√	√	√	√
13	普通化妆椅	10个及以上	√	√	√	√	√
14	高脚化妆椅	12个及以上	√	√	√	√	√
15	彩妆品展示台（大）	1~2个	√	√	√	√	√
16	化妆工具	20套	√	√	√	√	√
17	彩妆品	20套	√	√	√	√	√
18	喷枪和喷枪颜料	2套及以上	—	—	—	√	√
19	纸巾、湿巾	若干	√	√	√	√	√
20	同步摄像机和投影仪	1套	√	√	√	√	√
21	自动拍照幕布	1套			√	√	√
22	拍摄灯	1套			√	√	√
23	照相机	1套	√	√	√	√	√
24	水池（配水龙头）	2个及以上	√	√	√	√	√
25	热水器	1台	√	√	√	√	√
26	垃圾桶	与化妆镜台配套	√	√	√	√	√
27	教具头模和支架	与化妆镜台配套	√	√	√	—	—

指南包

续表

序号	用具设备及其他物品、材料	数量或规格说明	等级 五级/初级工	四级/中级工	三级/高级工	二级/技师	一级/高级技师
28	美发工具（剪刀、滚梳、九排梳、尖尾梳、包发梳）	20套	✓	✓	✓	✓	✓
29	盘发工具（皮筋、夹子、喷水壶）	20套	✓	✓	✓	✓	✓
30	吹风机	与化妆镜台配套	✓	✓	✓	✓	✓
31	电卷棒套装（电卷棒、直板夹、玉米夹）	与化妆镜台配套	✓	✓	✓	✓	✓
32	造型产品（发泥、发胶）	20套	✓	✓	✓	✓	✓
33	小推车	与化妆镜台配套	✓	✓	✓	✓	✓
34	储物柜	20个及以上	✓	✓	✓	✓	✓
35	透明储物箱	20个及以上	✓	✓	✓	✓	✓
36	防潮柜	1台	✓	✓	✓	✓	✓
37	展示柜	3个	✓	✓	✓	✓	✓
38	美甲桌	10个及以上	✓	✓	✓	—	—
39	美甲椅	20个及以上	✓	✓	✓	—	—
40	美甲展示架（大）	2~3个	✓	✓	✓	—	—
41	LED[①]照明灯（白光）	与美甲桌配套	✓	✓	✓	—	—
42	美甲光疗灯	与美甲桌配套	—	✓	✓	—	—
43	美甲桌垫	与美甲桌配套	✓	✓	✓	—	—
44	托盘/收纳盒	与美甲桌配套	✓	✓	✓	—	—
45	手部基础护理工具	10套及以上	✓	✓	✓	—	—
46	甲油（红、白、粉）	10套及以上	✓	—	—	—	—
47	丙烯彩绘颜料	10套及以上	✓	✓	✓	—	—
48	丙烯彩绘笔	10套及以上	✓	✓	✓	—	—
49	甲油胶套装	10套及以上	—	✓	✓	—	—
50	功能胶	10套及以上	—	—	—	—	—

① LED 是指发光二极管。

续表

序号	用具设备及其他物品、材料	数量或规格说明	等级				
			五级/初级工	四级/中级工	三级/高级工	二级/技师	一级/高级技师
51	彩绘胶	10套及以上	—	✓	✓	—	—
52	光疗彩绘笔	10套及以上	—	✓	✓	—	—
53	水晶甲套装（水晶液、白色水晶粉、透色水晶粉、透明水晶粉、洗笔水、水晶杯×2）	10套及以上	—	✓	✓	—	—
54	水晶笔、雕花笔	10套及以上	—	—	✓	—	—
55	延长纸托	2~3卷	—	✓	✓	—	—
56	打磨机（含打磨头）	与美甲桌配套	—	✓	✓	—	—
57	美甲桌面吸尘器	与美甲桌配套	—	✓	✓	—	—
58	美甲饰品	10套及以上	—	✓	✓	—	—
59	甲片（各种规格）	10套及以上	✓	✓	✓	—	—
60	美甲胶水	10套及以上	✓	✓	✓	—	—
61	卸甲水	2~3大瓶	✓	✓	✓	—	—
62	洗甲水	2~3瓶	✓	—	—	—	—
63	美甲清洁液	2~3大瓶	—	✓	✓	—	—
64	消毒酒精	2~3大瓶	✓	✓	✓	—	—
65	垃圾桶	与美甲桌配套	✓	✓	✓	—	—
66	拖把	5把	✓	✓	✓	✓	✓
67	扫把	5把	✓	✓	✓	✓	✓
68	簸箕	5个	✓	✓	✓	✓	✓
69	抹布	20块	✓	✓	✓	✓	✓
70	清洁剂	10瓶	✓	✓	✓	✓	✓
71	打印机、计算机	各1台	✓	✓	✓	✓	✓
72	笔、纸	若干	✓	✓	✓	✓	✓

1.3.3 教学资料配备要求

（1）培训规范：《形象设计师国家职业技能标准》《形象设计师职业基本素质培训要求》《形象设计师职业技能培训要求》《形象设计师职业基本素质培训课程规范》

《形象设计师职业技能培训课程规范》《形象设计师职业基本素质培训考核规范》《形象设计师职业技能培训理论知识考核规范》《形象设计师职业技能培训操作技能考核规范》。

（2）教学资源：教材教辅、网络资源等内容必须符合"（1）培训规范"。

1.3.4 管理人员配备要求

（1）专职校长：1人，应具有大专及以上文化程度、高级及以上专业技术职务任职资格，从事职业技术教育及教学管理5年以上，熟悉职业培训的有关法律法规。

（2）教学管理人员：1人以上，专职不少于1人；应具有大专及以上文化程度、中级及以上专业技术职务任职资格，从事职业技术教育及教学管理5年以上，具有丰富的教学管理经验。

（3）办公室人员：1人以上，应具有大专及以上文化程度。

（4）财务管理人员：2人，应具有大专及以上文化程度。

1.3.5 管理制度要求

应建立健全完备的管理制度，包括办学章程与发展规划，教学管理、教师管理、学员管理、财务管理、设备管理等制度。

2 课程包

2.1 培训要求

2.1.1 职业基本素质培训要求

职业基本素质模块	培训内容	培训细目
1. 职业与职业道德	1-1 职业认知	(1) 形象设计认知 (2) 形象设计师工作内容
	1-2 职业道德基本知识	(1) 道德 (2) 职业道德
	1-3 职业守则	形象设计师职业守则
2. 形象设计基础知识	2-1 形象设计起源与发展	(1) 形象设计概述 (2) 中国形象设计发展简史 (3) 西方形象设计发展简史
	2-2 形象设计美学基本原理	(1) 美与人体审美 (2) 形象设计要素 (3) 形象设计形式美原则
	2-3 形象设计分类	(1) 生活形象 (2) 舞台影视形象 (3) 时尚展示形象
3. 素描与色彩基础知识	3-1 素描基础知识	(1) 素描概述 (2) 素描工具及学习准备 (3) 几何体素描 (4) 人物肖像素描
	3-2 色彩基础知识	(1) 色彩学认知 (2) 色彩观察写生 (3) 色彩配置设计实践
4. 服饰基础知识	4-1 服装起源与发展规律	服装起源与发展规律
	4-2 服装基本款型	服装基本款型
	4-3 服装色彩	(1) 服装色彩基本配色方法 (2) 服装色彩风格表达
	4-4 服装面料	服装面料
	4-5 服装分类与特征	服装分类与特征
5. 化妆基础知识	5-1 化妆美学	(1) 化妆色彩之美 (2) 化妆形状之美 (3) 化妆气质之美

续表

职业基本素质模块	培训内容	培训细目
5. 化妆基础知识	5-2 化妆品及化妆工具选用	(1) 化妆品选用 (2) 化妆工具选用
	5-3 面部皮肤护理基础知识	(1) 清洁与妆前护理 (2) 卸妆与保养
	5-4 化妆妆型分类	化妆妆型分类
6. 发型基础知识	6-1 头发护理知识	头发护理知识
	6-2 发型分类与表现风格	发型分类与表现风格
	6-3 发型与脸形的关系	发型与脸形的关系
	6-4 发型与形象设计的关系	发型与形象设计的关系
	6-5 发型工具分类与使用	发型工具分类与使用
7. 美甲基础知识	7-1 指甲结构、生长及异常处理	(1) 指甲结构与生长 (2) 指甲异常处理
	7-2 美甲工具分类	美甲工具分类
	7-3 甲油、甲油胶分类与特点	甲油、甲油胶分类与特点
	7-4 贴片甲分类、特点与颜色	贴片甲分类、特点与颜色
	7-5 彩绘甲特点与表现方法	彩绘甲特点与表现方法
8. 形象设计师职业形象	8-1 形象设计师仪容仪表	形象设计师仪容仪表
	8-2 形象设计师语言规范	形象设计师语言规范
	8-3 形象设计师服务礼仪	形象设计师服务礼仪
9. 顾客心理学	9-1 心理学与顾客心理学概述	心理学与顾客心理学概述
	9-2 顾客心理分析	顾客心理分析
	9-3 顾客消费动机分析	顾客消费动机分析
10. 卫生消毒与消防安全	10-1 卫生消毒	(1) 微生物常识 (2) 器具卫生消毒 (3) 场所卫生消毒
	10-2 消防安全	消防安全
11. 相关法律、法规知识	11-1 相关法律知识	(1)《中华人民共和国劳动合同法》相关知识 (2)《中华人民共和国消费者权益保护法》相关知识 (3)《中华人民共和国安全生产法》相关知识
	11-2 相关法规知识	《化妆品监督管理条例》相关知识

2.1.2　五级/初级工职业技能培训要求

职业功能模块	培训内容	技能目标	培训细目
1. 形象咨询与定位	1-1　形象咨询	1-1-1　能使用礼貌用语热情接待、迎送顾客	(1) 礼貌与禁忌用语 (2) 接待、迎送礼仪 (3) 接待、迎送流程
		1-1-2　能根据服务项目完成形象设计咨询	(1) 形象咨询与分析服务 (2) 顾客信息采集与档案填写
		1-1-3　能收集顾客基本信息并填写顾客基础档案	
	1-2　形象定位	1-2-1　能根据时间、地点、场合进行日常形象、职业形象定位	(1) 日常形象分类 (2) 职业形象分类
		1-2-2　能根据职业特点、年龄、人物性格进行日常形象、职业形象定位	(1) 形象场合定位 (2) 形象风格定位
		1-2-3　能根据肤色、体形、个人气质进行日常形象、职业形象定位	
2. 服饰设计与搭配	2-1　服饰设计	2-1-1　能根据时间、地点、场合制订日常、职业服饰的款式、配色方案	(1) 依据场合制订款式、配色方案 (2) 日常服饰搭配方案 (3) 职业服饰搭配方案
		2-1-2　能根据职业特点、年龄、人物性格制订日常、职业服饰搭配方案	
		2-1-3　能根据肤色、体形、个人气质制订日常、职业服饰搭配方案	
	2-2　服饰搭配	2-2-1　能根据时间、地点、场合进行日常、职业服饰的款式、色彩搭配	(1) 依据场合、个人特点进行服饰款式、色彩的选择 (2) 日常服饰搭配 (3) 职业服饰搭配
		2-2-2　能根据职业特点、年龄、人物性格进行服饰搭配	
		2-2-3　能对服务对象的肤色、体形、个人特征进行日常、职业服饰搭配	

续表

职业功能模块	培训内容	技能目标	培训细目
3. 化妆设计与造型	3-1 化妆设计	3-1-1 能根据职业特点、年龄、人物性格制订日常妆、职业妆设计方案	（1）日常妆、职业妆化妆方案制订 （2）化妆配色方案制订
		3-1-2 能结合五官、脸形、肤色制订日常妆、职业妆化妆方案	
		3-1-3 能根据日常妆、职业妆配色原则制订配色方案	
	3-2 化妆造型	3-2-1 能使用化妆工具、化妆品完成化妆基本流程	（1）妆前面部清洁护理 （2）化妆用品和用具选用 （3）化妆流程
		3-2-2 能根据职业特点、年龄、人物性格进行日常妆、职业妆化妆	不同妆型化妆技法
		3-2-3 能结合五官、脸形、肤色进行日常妆、职业妆化妆	顾客外貌特征与化妆实施
		3-2-4 能根据日常妆、职业妆配色原则进行配色	不同妆型配色方法
4. 发型设计与造型	4-1 发型设计	4-1-1 能根据职业特点、年龄、人物性格制订日常发型、职业发型设计方案	（1）发型分类与特点 （2）发型设计要点
		4-1-2 能结合头形与脸形制订日常发型、职业发型设计方案	（1）不同头形的发型设计 （2）不同脸形的发型设计
		4-1-3 能根据头发发质、发长、发量制订日常发型、职业发型设计方案	不同发质、发长、发量的发型设计
		4-1-4 能根据日常发型、职业发型选择发饰	（1）日常发型的发饰选择 （2）职业发型的发饰选择
	4-2 发型造型	4-2-1 能使用发型工具、发型用品梳理日常发型	（1）日常发型工具选择与使用 （2）日常发型梳理产品选择与使用
		4-2-2 能根据发型设计方案梳理日常发型、职业发型	（1）常用发型操作手法 （2）生活发型制作 （3）职业发型制作
		4-2-3 能根据日常发型、职业发型搭配发饰	（1）日常发型发饰搭配 （2）职业发型发饰搭配

续表

职业功能模块	培训内容	技能目标	培训细目
5. 美甲设计与造型	5-1 美甲设计	5-1-1 能根据指甲情况制订指甲护理方案	(1) 指甲护理基础 (2) 甲形设计 (3) 美甲色彩设计
		5-1-2 能根据手形及场合要求设计指甲形状	
		5-1-3 能根据肤色及场合要求选择甲油或甲油胶色彩	
	5-2 美甲造型	5-2-1 能根据指甲情况进行指甲护理	(1) 不同类型指甲护理 (2) 修甲 (3) 甲油、甲油胶的涂抹与卸除
		5-2-2 能根据手形修甲形	
		5-2-3 能涂抹与卸除甲油、甲油胶	

2.1.3 四级／中级工职业技能培训要求

职业功能模块	培训内容	技能目标	培训细目
1. 形象咨询与定位	1-1 形象咨询	1-1-1 能管理及维护客户档案	(1) 客户档案管理与维护 (2) 面部护理基础知识 (3) 新娘形象管理需求分析
		1-1-2 能提供居家面部皮肤护理指导意见	
		1-1-3 能根据婚礼场合、人物性格对新娘的形象管理需求进行分析	
	1-2 形象定位	1-2-1 能运用测试工具测试肤色与发色	(1) 新娘形象测试 (2) 新娘风格形象定位
		1-2-2 能根据婚礼场合、人物性格进行新娘的形象风格定位	
2. 服饰设计与搭配	2-1 服饰设计	2-1-1 能根据婚礼场合、人物性格制订礼服风格类型定位方案	(1) 新娘礼服类型设计 (2) 新娘礼服款型修饰设计 (3) 新娘礼服色调修饰设计
		2-1-2 能根据新娘的体形条件制订礼服款型搭配方案	
		2-1-3 能根据新娘的肤色条件制订礼服色调方案	

续表

职业功能模块	培训内容	技能目标	培训细目
2. 服饰设计与搭配	2-2 服饰搭配	2-2-1 能根据婚礼环境实施甜美新娘整体服饰风格搭配	(1) 甜美新娘礼服搭配 (2) 高贵新娘礼服搭配 (3) 中式新娘礼服搭配
		2-2-2 能根据婚礼环境实施高贵新娘整体服饰风格搭配	
		2-2-3 能根据婚礼环境实施中式新娘整体服饰风格搭配	
3. 化妆设计与造型	3-1 化妆设计	3-1-1 能根据新娘面部肤色、人物性格制订化妆配色方案	(1) 新娘化妆分类与特点 (2) 新娘妆化妆方案制订 (3) 不同场合的新娘化妆设计
		3-1-2 能根据新娘五官特点、面部比例、人物性格制订化妆方案	
		3-1-3 能根据婚礼场合制订新娘化妆设计方案	
	3-2 化妆造型	3-2-1 能根据新娘妆特点进行面部皮肤基础护理	(1) 新娘妆前面部皮肤护理 (2) 新娘妆肤色调整技法 (3) 新娘妆五官调整技法 (4) 新娘妆与服饰、婚礼主题搭配 (5) 新娘妆化妆操作
		3-2-2 能根据新娘妆特点调整妆色	
		3-2-3 能根据新娘妆特点运用化妆矫正方法调整五官、面部比例	
		3-2-4 能根据不同婚礼主题服饰进行化妆	
		3-2-5 能结合新娘特点、婚礼主题进行化妆	
4. 发型设计与造型	4-1 发型设计	4-1-1 能根据脸形、体形制订婚礼发型设计方案	(1) 不同脸形、体形与新娘发型匹配 (2) 不同人物需求、性格与新娘发型匹配 (3) 不同婚礼场合与新娘发型匹配 (4) 新娘发饰与新娘发型匹配 (5) 新娘发型设计方案制订要素与方法
		4-1-2 能根据婚礼场合、人物性格制订发型设计方案	
		4-1-3 能结合新娘发型选择发饰	

续表

职业功能模块	培训内容	技能目标	培训细目
4．发型设计与造型	4-2 发型造型	4-2-1 能根据脸形梳理刘海	(1) 刘海种类 (2) 刘海与脸形的搭配 (3) 不同刘海造型方法
		4-2-2 能通过发量调整体形比例	(1) 不同发量调整方法 (2) 发型与体形的比例
		4-2-3 能梳理新娘发型及佩戴发饰	(1) 新娘发型造型工具及制作技巧 (2) 新娘发饰搭配 (3) 不同风格新娘发型制作
5．美甲设计与造型	5-1 美甲设计	5-1-1 能根据不同场合及服饰选择合适的贴片	(1) 自然甲形种类 (2) 贴片种类
		5-1-2 能结合新娘造型设计美甲款式	新娘款式甲款式及设计
	5-2 美甲造型	5-2-1 能制作贴片甲	(1) 新娘款式甲制作 (2) 不同风格的新娘甲片制作
		5-2-2 能完成新娘甲造型	

2.1.4 三级/高级工职业技能培训要求

职业功能模块	培训内容	技能目标	培训细目
1．形象咨询与定位	1-1 形象咨询	1-1-1 能结合设计对象体态、营养需要提供保健建议	(1) 顾客咨询服务与指导 (2) 形象设计方案制订 (3) 宴会形象设计方案制订
		1-1-2 能根据人物风格特征、社会角色制订形象设计方案	
		1-1-3 能根据宴会场合制订形象设计方案	
	1-2 形象定位	1-2-1 能根据人物风格特征、社会角色进行形象定位	(1) 个人形象定位 (2) 流行元素应用 (3) 宴会形象定位
		1-2-2 能结合流行元素进行形象定位	
		1-2-3 能根据宴会场合进行形象定位	
2．服饰设计与搭配	2-1 服饰设计	2-1-1 能根据人物风格特征、社会角色制订服饰定位方案	(1) 服饰风格定位 (2) 流行色的应用 (3) 宴会服饰搭配设计
		2-1-2 能根据流行色制订服饰配色方案	
		2-1-3 能根据宴会场合制订服饰定位方案	

续表

职业功能模块	培训内容	技能目标	培训细目
2．服饰设计与搭配	2-2 服饰搭配	2-2-1 能根据人物风格特征、社会角色搭配服饰 2-2-2 能根据流行色搭配服饰颜色 2-2-3 能根据宴会场合搭配服饰	（1）宴会服饰款式搭配 （2）宴会服饰色彩搭配
3．化妆设计与造型	3-1 化妆设计	3-1-1 能根据人物风格特征、社会角色制订妆容设计方案 3-1-2 能结合流行色制订妆容配色方案 3-1-3 能根据宴会场合制订妆容设计方案	（1）不同人物的宴会妆化妆方案制订 （2）宴会妆配色方案制订 （3）宴会妆整体造型方案制订
	3-2 化妆造型	3-2-1 能根据人物风格特征、社会角色进行化妆 3-2-2 能结合流行色进行妆容配色 3-2-3 能结合宴会特点进行化妆	（1）为不同风格、职业的人物进行宴会化妆 （2）运用流行色进行不同风格的宴会化妆 （3）宴会妆化妆技法
4．发型设计与造型	4-1 发型设计	4-1-1 能根据人物风格特征、社会角色制订发型设计方案 4-1-2 能根据发型需求制订假发设计方案 4-1-3 能绘制发型效果图 4-1-4 能根据宴会场合制订发型设计方案	（1）假发设计方案制订 （2）发型效果图绘制 （3）宴会发型设计方案制订
	4-2 发型造型	4-2-1 发型造型 4-2-2 能结合真假发梳理发型 4-2-3 能根据发型需求制作假发件 4-2-4 能梳理宴会发型及佩戴发饰	（1）风格发型梳理 （2）真假发结合梳理 （3）假发件制作 （4）宴会发型梳理与装饰
5．美甲设计与造型	5-1 美甲设计	5-1-1 能根据人物风格特征、社会角色制订美甲设计方案	（1）个性美甲款式设计 （2）宴会甲款式设计
		5-1-2 能运用彩绘及各类饰品设计美甲款式	（1）美甲彩绘类别 （2）美甲饰品类别

续表

职业功能模块	培训内容	技能目标	培训细目
5. 美甲设计与造型	5-2 美甲造型	5-2-1 能根据人物风格特征、社会角色进行美甲款式制作	个性美甲款式制作
		5-2-2 能运用各类饰品进行美甲款式制作	（1）美甲饰品应用 （2）美甲饰品卸除
		5-2-3 能运用手绘技法进行美甲款式制作	（1）手绘技法类别 （2）手绘技法操作方法
		5-2-4 能完成宴会甲造型	（1）宴会甲造型风格特点 （2）宴会甲制作

2.1.5 二级/技师职业技能培训要求

职业功能模块	培训内容	技能目标	培训细目
1. 服饰设计与搭配	1-1 服饰设计	1-1-1 能根据时尚造型要求、摄影环境制订服饰搭配和改造方案	（1）时尚服饰搭配原则与要求 （2）时尚服饰流行元素与风格特点
		1-1-2 能根据流行元素制订服饰搭配设计方案	
		1-1-3 能根据表演角色制订时尚服饰搭配设计方案	时尚元素融入表演服饰设计
	1-2 服饰搭配	1-2-1 能根据科技新风主题要求实施时装搭配展示	科技新风（摄影主题）时尚展示服饰风格搭配
		1-2-2 能根据民族风主题要求实施时装搭配展示	民族风（秀场主题）时尚展示服饰风格搭配
2. 化妆设计与造型	2-1 化妆设计	2-1-1 能根据时尚造型要求、摄影环境制订妆容设计方案	（1）妆型与布光匹配 （2）流行元素与时尚化妆设计构思
		2-1-2 能根据流行元素制订妆容设计方案	
		2-1-3 能设计面部彩绘图案	面部彩绘图案设计
		2-1-4 能根据表演角色制订时尚妆容设计方案	表演角色妆设计要素
	2-2 化妆造型	2-2-1 能结合时尚造型要求、摄影环境进行化妆	（1）时尚化妆造型基本要求 （2）时尚化妆造型与流行元素的结合方法
		2-2-2 能运用流行元素完成时尚化妆	
		2-2-3 能完成面部彩绘化妆	时尚面部彩绘化妆方法

续表

职业功能模块	培训内容	技能目标	培训细目
2. 化妆设计与造型	2-2 化妆造型	2-2-4 能结合表演角色特点进行化妆	表演角色化妆操作要点与表现技法
		2-2-5 能结合角色转换需要进行应急换妆	(1) 应急换妆概念与要求 (2) 应急换妆实施技法
3. 发型设计与造型	3-1 发型设计	3-1-1 能根据时尚造型要求、摄影环境制订发型设计方案	(1) 平面摄影发型类型 (2) 平面摄影时尚发型设计方法 (3) 根据流行元素设计时尚发型 (4) 根据流行元素设计发饰
		3-1-2 能根据流行元素制订发型、发饰设计方案	
		3-1-3 能根据表演角色制订发型设计方案	(1) 时尚表演发型分类与设计思路 (2) 时尚表演发型设计方法
	3-2 发型造型	3-2-1 能结合时尚造型要求、摄影环境梳理发型	(1) 时尚造型、摄影环境对发型的要求 (2) 时尚发型造型方法
		3-2-2 能制作创意发饰与假发件	(1) 创意发饰制作 (2) 创意假发件制作
		3-2-3 能结合流行元素梳理时尚发型	(1) 时尚发型制作基本方法 (2) 流行元素在时尚发型、发饰中的体现方法
		3-2-4 能结合表演角色特点梳理发型	(1) 时尚表演发型制作要点 (2) 时尚表演发型制作方法
4. 培训与管理	4-1 培训	4-1-1 能编写教学大纲	(1) 教学大纲内容 (2) 教学大纲编写方法
		4-1-2 能对三级/高级工及以下级别人员进行培训	(1) 培训教案编写方法 (2) 课堂教学过程组织
		4-1-3 能对三级/高级工及以下级别人员进行操作指导	(1) 技术指导准备 (2) 技术指导组织与实施 (3) 技能考核方法
		4-1-4 能撰写专业技术报告	(1) 专业技术报告撰写要点 (2) 专业技术报告撰写方法
	4-2 管理	4-2-1 能处理服务过程中出现的服务质量问题	(1) 服务质量管理概述 (2) 服务质量问题处理方法
		4-2-2 能对服务项目进行质量评估并提出改进建议	(1) 服务质量评估方法 (2) 服务质量改进方法
		4-2-3 能进行店务日常基本管理	店务日常管理

2.1.6 一级/高级技师职业技能培训要求

职业功能模块	培训内容	技能目标	培训细目
1. 服饰设计与搭配	1-1 服饰设计	1-1-1 能根据主题制订艺术创意服饰搭配方案	(1) 艺术创意服饰搭配方案 (2) 艺术创意服饰改造方案
		1-1-2 能根据主题制订艺术创意服饰改造方案	
		1-1-3 能绘制艺术创意服饰效果图	艺术创意服饰效果图绘制
	1-2 服饰搭配	1-2-1 能根据设计方案制作艺术创意服饰	(1) 艺术创意服饰制作 (2) 艺术创意服饰改造
		1-2-2 能根据设计方案进行艺术创意服饰改造	
		1-2-3 能根据主题进行创意服饰配饰制作	创意服饰配饰制作
2. 化妆设计与造型	2-1 化妆设计	2-1-1 能根据主题制订艺术创意妆容设计方案	(1) 艺术创意妆容主题分析 (2) 艺术创意妆容设计方案制订
		2-1-2 能根据主题制订艺术创意彩绘设计方案	(1) 创意彩绘设计构思 (2) 创意彩绘设计方案制订
		2-1-3 能根据主题制订艺术创意面饰设计方案	(1) 创意面饰设计构思 (2) 创意面饰设计方案制订
	2-2 化妆造型	2-2-1 能根据设计方案塑造艺术创意妆容	(1) 艺术创意妆容设计方案分析 (2) 艺术创意妆容实施方法与整体调整
		2-2-2 能根据设计方案绘制艺术创意彩绘	(1) 艺术创意彩绘材料、工具选用 (2) 创意彩绘实施要点 (3) 创意彩绘操作规范
		2-2-3 能根据设计方案制作艺术创意面饰	(1) 艺术创意面饰材料选用 (2) 艺术创意面饰制作方法
3. 发型设计与造型	3-1 发型设计	3-1-1 能根据主题制订艺术创意发型方案	主题创意发型设计
		3-1-2 能根据主题设计艺术类发饰	主题创意发型假发件设计
		3-1-3 能根据主题设计个性化发饰	主题创意发饰设计

续表

职业功能模块	培训内容	技能目标	培训细目
3. 发型设计与造型	3-2 发型造型	3-2-1 能根据设计方案制作艺术创意发型	主题创意发型制作
		3-2-2 能根据设计方案制作艺术创意发饰	主题创意发饰制作
4. 培训与管理	4-1 培训	4-1-1 能编写教学活动方案	教学活动方案编写
		4-1-2 能对二级/技师及以下级别人员进行培训	技术培训方法与要点
		4-1-3 能评估并改进形象设计实施方案	形象设计培训效果评估
		4-1-4 能撰写专业技术创新报告	(1) 专业技术创新报告撰写要点 (2) 专业技术创新报告撰写方法
	4-2 管理	4-2-1 能进行技术管理与创新	(1) 技术管理 (2) 技术创新
		4-2-2 能分析市场行业动态	市场行业动态分析
		4-2-3 能进行店务经营管理	店务经营管理

2.2 课程规范

2.2.1 职业基本素质培训课程规范

模块	课程	学习单元	课程内容	培训建议	课堂学时
1. 职业与职业道德	1-1 职业认知	职业认知	1) 形象设计业认知	(1) 方法：讲授法 (2) 重点与难点：形象设计师工作内容	1
			2) 形象设计师工作内容		

续表

模块	课程	学习单元	课程内容	培训建议	课堂学时
1. 职业与职业道德	1-2 职业道德基本知识	职业道德基本知识	1) 道德 ①道德定义 ②道德分类	（1）方法：讲授法 （2）重点与难点：形象设计师职业道德	1
			2) 职业道德 ①职业道德定义 ②形象设计师职业道德		
	1-3 职业守则	形象设计师职业守则	1) 遵纪守法，诚实守信 2) 爱岗敬业，尽职尽责 3) 文明礼貌，积极进取 4) 勤奋钻研，精益求精 5) 讲究质量，注重信誉 6) 协同合作，大胆创新	（1）方法：讲授法 （2）重点与难点：形象设计师职业守则	1
2. 形象设计基础知识	2-1 形象设计起源与发展	（1）形象设计概述	1) 形象设计起源 2) 形象设计意义	（1）方法：讲授法 （2）重点与难点：形象设计起源与意义	1
		（2）中国形象设计发展简史	1) 奴隶社会 2) 封建社会前期 3) 封建社会后期 4) 近现代	（1）方法：讲授法、案例教学法 （2）重点与难点：中国形象设计历史脉络	2
		（3）西方形象设计发展简史	1) 古典时期 2) 文艺复兴时期 3) 巴洛克和洛可可时期 4) 工业革命时期 5) 20世纪	（1）方法：讲授法、案例教学法 （2）重点与难点：西方形象设计历史脉络	2
	2-2 形象设计美学基本原理	（1）美与人体审美	1) 形象设计中的"美" 2) 人体之美	（1）方法：讲授法、案例教学法 （2）重点与难点：形象美与人体美的定义	1
		（2）形象设计要素	1) 形态与色彩要素 2) 肌理和质感要素	（1）方法：讲授法、案例教学法 （2）重点与难点：形象设计要素	1

续表

模块	课程	学习单元	课程内容	培训建议	课堂学时
2. 形象设计基础知识	2-2 形象设计美学基本原理	（3）形象设计形式美原则	1）对称与均衡 2）节奏与韵律	（1）方法：讲授法、案例教学法 （2）重点与难点：审美遵循原则	1
	2-3 形象设计分类	（1）生活形象	1）商务形象 2）社交形象	（1）方法：讲授法、案例教学法 （2）重点与难点：不同场合人物形象设计特点	1
		（2）舞台影视形象	1）舞台剧角色形象 2）影视剧角色形象 3）主持人形象	（1）方法：讲授法、案例教学法 （2）重点与难点：舞台影视类人物形象特点	1
		（3）时尚展示形象	1）广告展示形象 2）时尚发布形象 3）艺术创意展示形象	（1）方法：讲授法、案例教学法 （2）重点与难点：时尚类人物形象特点	1
3. 素描与色彩基础知识	3-1 素描基础知识	（1）素描概述	1）素描定义 2）学习素描的意义 3）素描造型基本因素	（1）方法：讲授法、案例教学法 （2）重点与难点：素描造型基本因素	1
		（2）素描工具及学习准备	1）素描工具选用 2）正确姿势与良好习惯 3）素描造型基本方法	（1）方法：讲授法、演示法 （2）重点与难点：素描造型基本方法	1
		（3）几何体素描	1）立方体素描方法 2）球体素描方法 3）柱体素描方法 4）十字体素描方法 5）组合几何体素描方法	（1）方法：讲授法、演示法、案例教学法 （2）重点与难点：组合几何体素描方法	1
		（4）人物肖像素描	1）眼睛素描方法 2）鼻子素描方法 3）唇部素描方法 4）耳朵素描方法 5）头像造型素描方法	（1）方法：讲授法、演示法、案例教学法 （2）重点与难点：人物肖像素描方法	1

续表

模块	课程	学习单元	课程内容	培训建议	课堂学时
3. 素描与色彩基础知识	3-2 色彩基础知识	(1) 色彩学认知	1) 色彩学概述 2) 色彩学研究内容 3) 色彩学基础知识 4) 色彩学应用	(1) 方法：讲授法、案例教学法 (2) 重点与难点：色彩学基础知识	1
		(2) 色彩观察写生	1) 色彩工具与材料 2) 形体色彩观察 3) 色彩透视原理 4) 静物色彩写生	(1) 方法：讲授法、演示法、案例教学法 (2) 重点与难点：光源色、固有色、反射色、环境色的观测表现	1
		(3) 色彩配置设计实践	1) 色彩归纳 2) 色彩对比研究 3) 色彩调和研究 4) 色彩情感表现 5) 色彩质感与色彩肌理 6) 主题色调设计	(1) 方法：讲授法、演示法、案例教学法 (2) 重点与难点：色彩设计原理与方法	2
4. 服饰基础知识	4-1 服装起源与发展规律	服装起源与发展规律	1) 服装起源 ①保护说 ②护符说 ③装饰说 ④异性吸引说 ⑤羞耻说 2) 服装发展演变规律 ①服装发展演变起因 ②服装发展演变形式	(1) 方法：讲授法、案例教学法 (2) 重点与难点：服装发展演变规律	2
	4-2 服装基本款型	服装基本款型	1) X形 2) H形 3) O形 4) A形 5) T形	(1) 方法：讲授法、案例教学法 (2) 重点与难点：服装基本款型特征分析	1

续表

模块	课程	学习单元	课程内容	培训建议	课堂学时
4. 服饰基础知识	4-3 服装色彩	（1）服装色彩基本配色方法	1）色相配色 2）明度配色 3）纯度配色 4）色调配色	（1）方法：讲授法、演示法、案例教学法 （2）重点与难点： 1）服装色彩基本配色方法 2）服装色彩表现风格	1
		（2）服装色彩表现风格	1）古典风格 2）优雅风格 3）自然风格 4）前卫风格 5）现代风格		1
	4-4 服装面料	服装面料	1）天然面料 ①棉 ②毛 ③丝 ④麻	（1）方法：讲授法、演示法、案例教学法 （2）重点与难点：人造纤维与合成纤维的特点与异同	1
			2）化学面料 ①人造纤维 ②合成纤维		
	4-5 服装分类与特征	服装分类与特征	1）西装 2）夹克 3）裙子 4）裤子 5）衬衫 6）背心	（1）方法：讲授法、案例教学法 （2）重点与难点：西装与夹克的款型与细节	1
5. 化妆基础知识	5-1 化妆美学	（1）化妆色彩之美	1）化妆色彩构成要素 2）化妆色彩搭配方法 3）化妆色彩塑造要点	（1）方法：讲授法、案例教学法 （2）重点与难点：化妆色彩搭配方法	1
		（2）化妆形状之美	1）面部比例构成之美 2）五官与脸形的和谐之美 3）五官的典型美	（1）方法：讲授法、演示法 （2）重点与难点：脸形种类与特征的分析方法	1

续表

模块	课程	学习单元	课程内容	培训建议	课堂学时
5. 化妆基础知识	5-1 化妆美学	(3) 化妆气质之美	1) 容颜美和气质美 2) 容颜美和心灵美 3) 容颜美和形象美	(1) 方法：讲授法、案例教学法 (2) 重点与难点：化妆对气质的塑造	1
	5-2 化妆品及化妆工具选用	(1) 化妆品选用	1) 底妆产品 2) 眼妆产品 3) 眉妆产品 4) 唇妆产品 5) 腮红产品	(1) 方法：讲授法、案例教学法 (2) 重点与难点：化妆品及化妆工具的选用	1
		(2) 化妆工具选用	1) 清洁工具 2) 上妆工具 3) 其他常用工具		1
	5-3 面部皮肤护理基础知识	(1) 清洁与妆前护理	1) 清洁 ①面部清洁方式与注意事项 ②清洁产品类型与功效 ③洁面步骤与方法 2) 妆前护理 ①隔离和修容 ②修眉	(1) 方法：讲授法、演示法 (2) 重点与难点：妆前与妆后护理	1
		(2) 卸妆与保养	1) 面部卸妆 ①卸妆产品类型与功效 ②卸妆步骤与方法 2) 卸妆后的保养		1
	5-4 化妆妆型分类	化妆妆型分类	1) 生活类妆型 ①日常妆 ②职业妆 2) 社交类妆型 ①新娘妆 ②宴会妆 3) 演艺类妆型 ①主持人妆 ②时尚模特妆 ③艺术创意妆	(1) 方法：讲授法、演示法、案例教学法 (2) 重点与难点： 1) 不同妆型特征分析 2) 生活类妆型与创意妆型的差异分析	1

续表

模块	课程	学习单元	课程内容	培训建议	课堂学时
6．发型基础知识	6-1 头发护理知识	头发护理知识	1）头发护理的定义、特点与作用 ①头发护理的定义 ②不同发质护理的特点 ③头发护理的作用	（1）方法：讲授法、案例教学法 （2）重点与难点：头发基本护理方法	1
			2）头发基本护理方法 ①头发护理产品类型 ②头发护理产品使用 ③头发护理基本流程		
	6-2 发型分类与表现风格	发型分类与表现风格	1）发型分类 ①短发发型 ②中长发型 ③长发发型	（1）方法：讲授法、案例教学法 （2）重点与难点：发型九型风格特征	1
			2）发型九型风格特征 ①可爱甜美型 ②时尚个性型 ③纯洁前卫型 ④优雅端庄型 ⑤柔美自然型 ⑥知性干练型 ⑦浪漫女人型 ⑧华丽大气型 ⑨摩登现代型		
	6-3 发型与脸形的关系	发型与脸形的关系	1）脸形与发型设计 ①椭圆形脸 ②倒三角形脸 ③正三角形脸 ④长形脸 ⑤菱形脸 ⑥方形脸 ⑦圆形脸	（1）方法：讲授法、案例教学法 （2）重点与难点：发型与脸形的关系	1
			2）不同脸形的发型设计要点 ①脸形的直曲感与发型设计 ②脸形的大小量感与发型设计		

续表

模块	课程	学习单元	课程内容	培训建议	课堂学时
6. 发型基础知识	6-4 发型与形象设计的关系	发型与形象设计的关系	1）发型与妆容的关系 2）发型与服装的关系	（1）方法：讲授法、案例教学法 （2）重点与难点：发型与形象设计的关系	1
	6-5 发型工具分类与使用	发型工具分类与使用	1）发型工具分类 ①电器工具 ②夹子工具 ③梳子工具 ④定型工具 ⑤辅助工具 2）发型工具使用 ①工具安全使用 ②工具整理收纳	（1）方法：讲授法、案例教学法 （2）重点与难点：工具安全使用	1
7. 美甲基础知识	7-1 指甲结构、生长及异常处理	（1）指甲结构与生长	1）指甲结构 2）指甲生长	（1）方法：讲授法、案例教学法 （2）重点与难点：指甲结构与生长	1
		（2）指甲异常处理	1）健康指甲特征 2）指甲异常类别 3）指甲异常处理方法	（1）方法：讲授法、案例教学法 （2）重点与难点：指甲异常类别与处理方法	1
	7-2 美甲工具分类	美甲工具分类	1）美甲修磨工具 2）美甲清洁工具 3）美甲辅助工具 4）甲油胶配套辅助工具	（1）方法：讲授法、案例教学法 （2）重点与难点：美甲工具分类	1
	7-3 甲油、甲油胶分类与特点	甲油、甲油胶分类与特点	1）甲油特点 2）甲油胶分类与特点 3）甲油胶选择	（1）方法：讲授法、案例教学法 （2）重点与难点：甲油胶分类与选择	1
	7-4 贴片甲分类、特点与颜色	贴片甲分类、特点与颜色	1）贴片甲分类 ①全贴片甲 ②半贴片甲 ③法式贴片甲 ④浅贴片甲 ⑤沙龙艺术甲片 2）贴片甲特点	（1）方法：讲授法、案例教学法	1

续表

模块	课程	学习单元	课程内容	培训建议	课堂学时
7. 美甲基础知识	7-4 贴片甲分类、特点与颜色	贴片甲分类、特点与颜色	3）贴片甲颜色 ①透明色 ②自然色 ③白色	（2）重点与难点：贴片甲分类与特点	
	7-5 彩绘甲特点与表现方法	彩绘甲特点与表现方法	1）彩绘甲特点 2）彩绘甲表现方法 ①色块平涂 ②色块叠加 ③实物绘制 ④线条绘制 ⑤染渐变 ⑥拓印转移	（1）方法：讲授法、演示法、案例教学法 （2）重点与难点：彩绘甲表现方法	1
8. 形象设计师职业形象	8-1 形象设计师仪容仪表	形象设计师仪容仪表	1）仪表要求 2）仪态要求	（1）方法：讲授法、演示法、情景表演法 （2）重点与难点：形象设计师服务礼仪与技巧	1
	8-2 形象设计师语言规范	形象设计师语言规范	1）语音、语调、语速 2）语言技巧		1
	8-3 形象设计师服务礼仪	形象设计师服务礼仪	1）礼仪概念 2）礼仪基本原则 3）电话礼仪 4）接待礼仪		1
9. 顾客心理学	9-1 心理学与顾客心理学概述	心理学与顾客心理学概述	1）心理学概述 2）顾客心理学概述	（1）方法：讲授法、讨论法、案例教学法 （2）重点与难点：顾客消费动机分析	1
	9-2 顾客心理分析	顾客心理分析	1）不同性别顾客的心理 2）不同年龄顾客的心理		1
	9-3 顾客消费动机分析	顾客消费动机分析	1）顾客消费需求与动机 2）顾客购买行为与购买决策心理		1
10. 卫生消毒与消防安全	10-1 卫生消毒	（1）微生物常识	1）微生物定义与特点 2）微生物种类与分布 3）微生物生长与繁殖 4）微生物作用与危害 5）杀菌与消毒	（1）方法：讲授法、演示法、案例教学法	1

续表

模块	课程	学习单元	课程内容	培训建议	课堂学时
10. 卫生消毒与消防安全	10-1 卫生消毒	（2）器具卫生消毒	1）常用消毒方法	（2）重点与难点：1）形象设计场所与器具卫生要求 2）消防安全	1
			2）器具卫生消毒方法与步骤		
		（3）场所卫生消毒	1）室内环境与卫生消毒方法		1
			2）室外环境与卫生消毒方法		
	10-2 消防安全	消防安全	1）火灾基本知识		1
			2）防火、灭火基本原理与措施		
			3）常用灭火器种类与使用方法		
			4）安全防火注意事项		
			5）火场逃生方法		
11. 相关法律、法规知识	11-1 相关法律知识	相关法律知识	1）《中华人民共和国劳动合同法》相关知识	（1）方法：讲授法 （2）重点与难点：《中华人民共和国消费者权益保护法》相关知识	1
			2）《中华人民共和国消费者权益保护法》相关知识		
			3）《中华人民共和国安全生产法》相关知识		
	11-2 相关法规知识	相关法规知识	《化妆品监督管理条例》相关知识		1
课堂学时合计					60

2.2.2　五级／初级工职业技能培训课程规范

模块	课程	学习单元	课程内容	培训建议	课堂学时
1. 形象咨询与定位	1-1 形象咨询	（1）顾客接待与迎送	1）礼貌与禁忌用语 ①礼貌用语 ②禁忌用语	（1）方法：讲授法、演示法、角色扮演法、情景表演法 （2）重点与难点：顾客接待规范训练	1
			2）接待、迎送礼仪 ①站姿 ②表情 ③姿体动作		
			3）接待、迎送流程		

续表

模块	课程	学习单元	课程内容	培训建议	课堂学时
1. 形象咨询与定位	1-1 形象咨询	（2）顾客咨询与档案填写	1）咨询与分析 ①形象设计服务项目 ②形象设计咨询	（1）方法：讲授法、演示法、情景表演法 （2）重点与难点：顾客信息收集与档案填写	2
			2）顾客信息收集与档案填写 ①顾客信息收集方法 ②顾客资料登记填写		
	1-2 形象定位	（1）形象分类	1）日常形象分类	（1）方法：讲授法、案例教学法 （2）重点与难点：日常和职业形象分类	1
			2）职业形象分类		
		（2）形象定位原则	1）TPO（时间、地点、场合）着装规范	（1）方法：讲授法、案例教学法 （2）重点与难点：TPO着装规范	1
			2）日常形象定位		
			3）职业形象定位		
		（3）生活形象设计定位	1）日常形象设计定位	（1）方法：讲授法、案例教学法 （2）重点与难点：人物形象定位方法	1
			2）职业形象设计定位		
2. 服饰设计与搭配	2-1 服饰设计	（1）服饰款型与配色	1）服饰款型 ①日常服饰款型 ②职业服饰款型	（1）方法：讲授法、讨论法、案例教学法 （2）重点与难点： 1）不同场合服饰的款型特征 2）不同场合服饰的配色方法	2
			2）服饰配色 ①日常服饰配色 ②职业服饰配色		
		（2）日常服饰设计方法	1）日常活动场合分析	（1）方法：讲授法、讨论法、案例教学法 （2）重点与难点：日常服饰设计分析	2
			2）顾客社会属性分析		
			3）顾客风格分析		
			4）日常服饰设计方案制订		

续表

模块	课程	学习单元	课程内容	培训建议	课堂学时
2. 服饰设计与搭配	2-1 服饰设计	(3) 职业服饰设计方法	1) 职业场合分析 2) 顾客职业属性定位分析 3) 顾客职业形象风格分析 4) 职业服饰设计方案制订	(1) 方法：讲授法、讨论法、案例教学法 (2) 重点与难点：职业服饰设计分析	2
	2-2 服饰搭配	(1) 服饰选择技巧	1) 服饰款型选择 ①日常服饰基本款型选择 ②职业服饰基本款型选择 2) 服饰色彩选择 ①日常服饰色彩选择 ②职业服饰色彩选择 3) 服饰配饰选择 ①日常形象服饰配饰选择 ②职业场合服饰配饰选择	(1) 方法：讲授法、讨论法、案例教学法 (2) 重点与难点： 1) 服饰色彩选择 2) 服饰款型选择	4
		(2) 服饰搭配技巧	1) 日常服饰搭配技巧 ①休闲场合服饰搭配技巧 ②日间社交场合服饰搭配技巧 2) 职业服饰搭配技巧 ①时尚职业服饰搭配技巧 ②正式职业服饰搭配技巧	(1) 方法：讲授法、讨论法、案例教学法、观摩法 (2) 重点与难点：日常与职业服饰搭配技巧	6
3. 化妆设计与造型	3-1 化妆设计	(1) 化妆分类与特征	1) 日常妆分类与特征 2) 职业妆分类与特征	(1) 方法：讲授法 (2) 重点与难点：生活类化妆的特征	2
		(2) 化妆基本审美依据	1) 面部整体比例的和谐 2) 五官与脸形的和谐 3) 化妆色彩关系的和谐	(1) 方法：讲授法、案例教学法 (2) 重点与难点： 1) 面部整体与局部的和谐原则 2) 化妆色彩关系的和谐	1
		(3) 化妆配色原则	1) 日常妆配色原则 2) 正式职业妆配色原则 3) 时尚职业妆配色原则	(1) 方法：讲授法、讨论法 (2) 重点与难点：不同场合妆容的配色原则	1

续表

模块	课程	学习单元	课程内容	培训建议	课堂学时
3. 化妆设计与造型	3-2 化妆造型	（1）化妆造型基本流程	1）面部皮肤清洁 ①卸妆 ②洁面 2）面部皮肤基础护理 ①保湿 ②营养 ③隔离 3）化妆品选用 ①生活化妆常用化妆品 ②日常妆化妆品使用技巧与注意事项 ③职业妆化妆品使用技巧与注意事项 4）化妆工具选用 ①生活化妆常用化妆工具 ②化妆工具使用技巧与注意事项 5）化妆操作要点 6）十三步化妆流程 7）妆容整体修整	（1）方法：讲授法、演示法 （2）重点与难点： 1）面部皮肤清洁与护理方法 2）化妆品与工具的应用 3）化妆标准流程和操作规范	2
		（2）不同妆型化妆技法	1）日常妆化妆技法 2）职业妆化妆技法 ①正式职业妆化妆技法 ②时尚职业妆化妆技法	（1）方法：讲授法、演示法、观摩法 （2）重点与难点： 1）日常妆化妆技法 2）职业妆化妆技法	6
		（3）顾客外貌特征与化妆实施	1）顾客外貌特征与日常妆实施 ①顾客外貌特征分析 ②日常妆实施 2）顾客外貌特征与职业妆实施 ①顾客外貌特征分析 ②正式职业妆实施 ③时尚职业妆实施	（1）方法：讲授法、演示法、案例教学法、实物示教法 （2）重点与难点： 1）顾客外貌特征分析方法 2）针对顾客外貌特征的生活化妆实施方法	4

续表

模块	课程	学习单元	课程内容	培训建议	课堂学时
3. 化妆设计与造型	3-2 化妆造型	（4）不同妆型配色方法	1）日常妆配色方法	（1）方法：讲授法、讨论法、案例教学法 （2）重点与难点： 1）日常妆配色 2）职业妆配色	2
			2）职业妆配色方法 ①正式职业妆配色方法 ②时尚职业妆配色方法		
4. 发型设计与造型	4-1 发型设计	（1）发型分类与特点	1）生活发型分类与特点	（1）方法：讲授法 （2）重点与难点：生活与职业发型的分类与特点	1
			2）职业发型分类与特点 ①正式职业发型特点 ②时尚职业发型特点		
		（2）发型设计要点	1）生活发型设计要点	（1）方法：讲授法 （2）重点与难点：生活和职业发型设计要点	1
			2）职业发型设计要点 ①正式职业发型 ②时尚职业发型		
		（3）发型与顾客条件的匹配	1）生活发型与顾客条件的匹配 ①生活发型与头形的匹配 ②生活发型与脸形的匹配 ③生活发型与肤色的匹配 ④生活发型与发质、发长、发量的匹配	（1）方法：讲授法、讨论法、案例教学法 （2）重点与难点： 1）发型与脸形、头形的关系 2）发型与顾客条件的匹配方法	2
			2）职业发型与顾客条件的匹配 ①职业发型与头形的匹配 ②职业发型与脸形的匹配 ③职业发型与肤色的匹配 ④职业发型与发质、发长、发量的匹配		
		（4）发饰选用	1）生活发型发饰选用	（1）方法：讲授法、案例教学法 （2）重点与难点：发饰选用原则	1
			2）职业发型发饰选用		

续表

模块	课程	学习单元	课程内容	培训建议	课堂学时
4．发型设计与造型	4-2 发型造型	（1）发型用具、用品的选择与使用	1）发型工具选择与使用 ①发型工具种类 ②发型工具选用 2）发型用品选择与使用 ①发型用品选择 ②发型用品使用	（1）方法：讲授法、演示法 （2）重点与难点：发型用品、工具的选用方法	3
		（2）发型制作	1）常用发型操作手法 ①分区 ②束发 ③编发 2）生活发型制作 ①端庄生活类发型制作步骤与方法 ②时尚生活类发型制作步骤与方法 3）职业发型制作 ①正式职业发型制作步骤与方法 ②时尚职业发型制作步骤与方法	（1）方法：讲授法、演示法、案例教学法、实物示教法、观摩法 （2）重点与难点： 1）发型操作基本手法 2）发型制作方法 3）发型制作步骤与操作规范	8
		（3）发饰搭配	1）发饰分类 ①日常发型发饰分类 ②职业发型发饰分类 2）不同发型发饰搭配 ①生活发型发饰搭配 ②职业发型发饰搭配	（1）方法：讲授法、讨论法、案例教学法、观摩法 （2）重点与难点： 1）发饰分类 2）不同发型发饰搭配	2
5．美甲设计与造型	5-1 美甲设计	（1）指甲护理基础	1）指甲生理结构 2）指甲护理方法 3）指甲护理用品用具的使用	（1）方法：讲授法 （2）重点与难点：指甲护理方法	2
		（2）甲形设计	1）不同手形甲形设计 ①偏瘦手形甲形设计 ②偏胖手形甲形设计 ③纤长手形甲形设计	（1）方法：讲授法、案例教学法	2

续表

模块	课程	学习单元	课程内容	培训建议	课堂学时
5. 美甲设计与造型	5-1 美甲设计	(2) 甲形设计	2) 不同场合甲形设计 ①日常生活形象甲形设计 ②正式职业形象甲形设计 ③时尚职业形象甲形设计	(2) 重点与难点：甲形与手形的关系	
		(3) 美甲色彩设计	1) 肤色与美甲色彩设计 ①偏黑肤色 ②偏黄肤色 ③偏白肤色	(1) 方法：讲授法、案例教学法 (2) 重点与难点：美甲色彩设计方法	1
			2) 生活场合与美甲色彩设计 ①日常生活场合 ②正式职业场合 ③时尚职业场合		
	5-2 美甲造型	(1) 不同类型指甲护理	1) 健康类指甲护理方法	(1) 方法：讲授法、案例教学法 (2) 重点与难点：不同类型指甲护理方法	6
			2) 失调类指甲护理方法		
			3) 疾病类指甲护理方法		
		(2) 修甲	1) 方形指甲修整	(1) 方法：讲授法、演示法、案例教学法、实物示教法 (2) 重点与难点：甲形修整	3
			2) 方圆形指甲修整		
			3) 圆形指甲修整		
			4) 椭圆形指甲修整		
			5) 尖形指甲修整		
		(3) 甲油、甲油胶涂抹与卸除	1) 甲油涂抹 ①大红甲油涂抹 ②浅色甲油涂抹 ③白色甲油涂抹	(1) 方法：讲授法、演示法、实物示教法 (2) 重点与难点：甲油与甲油胶涂抹	4
			2) 甲油卸除		
			3) 甲油胶涂抹		
			4) 甲油胶卸除		
课堂学时合计					76

2.2.3 四级/中级工职业技能培训课程规范

模块	课程	学习单元	课程内容	培训建议	课堂学时
1. 形象咨询与定位	1-1 形象咨询	（1）顾客档案管理与维护	1）档案收集与管理 ①服务信息记录与归类 ②随访资料收集与管理	（1）方法：讲授法、案例教学法 （2）重点与难点： 1）信息资料管理与归类 2）隐私保护	1
			2）隐私保护		
		（2）面部护理指导	1）皮肤保养基础知识	（1）方法：讲授法、演示法、情景表演法 （2）重点难点：皮肤保养基础知识	1
			2）居家面部护理指导		
		（3）新娘形象管理需求分析	1）TPO原则分析	（1）方法：讲授法、案例教学法 （2）重点与难点：新娘形象归类和分析	1
			2）新娘形象风格分析		
	1-2 形象定位	（1）新娘形象测试	1）测试工具的类别与使用方法	（1）方法：讲授法、演示法、案例教学法、观摩法 （2）重点与难点：测试工具应用	2
			2）新娘体貌测量		
			3）新娘体色测试		
		（2）新娘形象风格定位	1）西式新娘形象风格定位 ①甜美 ②高贵	（1）方法：讲授法、讨论法、案例教学法 （2）重点与难点：中西式新娘形象风格定位方法	1
			2）中式新娘形象风格定位		
2. 服饰设计与搭配	2-1 服饰设计	（1）新娘礼服类型设计	1）婚礼场合与礼服类型设计	（1）方法：讲授法、讨论法、案例教学法 （2）重点与难点： 1）新娘礼服类型设计的得体美观	1
			2）顾客需求与礼服类型设计		
			3）新娘礼服设计方案制订		
		（2）新娘礼服款型修饰设计	1）顾客体貌特征测试分析		1
			2）礼服廓型设计与体形修饰		

续表

模块	课程	学习单元	课程内容	培训建议	课堂学时
2. 服饰设计与搭配	2-1 服饰设计	(3) 新娘礼服色调修饰设计	1) 顾客人体肤色特征测试分析 2) 礼服色调修饰设计方法	2) 新娘礼服款型对体形的修饰 3) 新娘礼服色调对肤色的修饰	1
	2-2 服饰搭配	(1) 甜美风格新娘礼服搭配	1) 甜美风格新娘礼服领型与脸形搭配 2) 甜美风格新娘礼服款型与体貌特征搭配 3) 甜美风格新娘礼服色质与肤色搭配 4) 甜美风格新娘礼服饰品搭配 5) 甜美风格新娘礼服试装与调整	(1) 方法：讲授法、讨论法、案例教学法、观摩法 (2) 重点与难点：甜美风格新娘礼服搭配	1
		(2) 高贵风格新娘礼服搭配	1) 高贵风格新娘礼服领型与脸形搭配 2) 高贵风格新娘礼服款型与体貌特征搭配 3) 高贵风格新娘礼服色质与肤色搭配 4) 高贵风格新娘礼服饰品搭配 5) 高贵风格新娘礼服试装与调整	(1) 方法：讲授法、讨论法、案例教学法、观摩法 (2) 重点与难点：高贵风格新娘礼服搭配	1
		(3) 中式风格新娘礼服搭配	1) 中式风格新娘礼服领型与脸形搭配 2) 中式风格新娘礼服款型与体貌特征搭配 3) 中式风格新娘礼服色质与肤色搭配 4) 中式风格新娘礼服饰品搭配 5) 中式风格新娘礼服试装与调整	(1) 方法：讲授法、讨论法、案例教学法、观摩法 (2) 重点与难点：中式风格新娘礼服搭配	2

续表

模块	课程	学习单元	课程内容	培训建议	课堂学时
3. 化妆设计与造型	3-1 化妆设计	（1）新娘化妆分类与特点	1）当代新娘妆概述 2）西式新娘妆分类与特点 ①甜美新娘妆 ②高贵新娘妆 3）中式新娘妆分类与特点	（1）方法：讲授法、讨论法、案例教学法 （2）重点与难点：新娘妆分类与特点	1
		（2）新娘化妆方案制订	1）新娘妆方案制订要点 ①妆色与肤色的关系 ②化妆与光线的关系 ③脸形与五官的关系 2）新娘妆方案制订方法 ①西式新娘妆方案制订方法 ②中式新娘妆方案制订方法	（1）方法：讲授法、讨论法、案例教学法、实物示教法 （2）重点与难点： 1）新娘妆方案制订要点 2）新娘妆方案制订方法	1
		（3）不同场合的新娘化妆设计	1）西式婚礼新娘妆设计 ①西式新娘化妆设计要点 ②西式新娘化妆设计与场合的协调 2）中式婚礼新娘妆设计 ①中式新娘化妆设计要点 ②中式新娘化妆设计与场合的协调	（1）方法：讲授法、讨论法、案例教学法 （2）重点与难点： 1）中西式新娘化妆设计要点 2）新娘化妆设计与场合的协调	2
	3-2 化妆造型	（1）新娘妆前面部护理	1）皮肤分析 ①皮肤状态分析 ②皮肤护理方案 2）清洁 ①清洁范围 ②操作方法 3）保湿和隔离 ①操作原理 ②操作方法	（1）方法：讲授法、演示法、实物示教法 （2）重点与难点： 1）皮肤分析和护理方案制订 2）面部皮肤清洁与保养	1

续表

模块	课程	学习单元	课程内容	培训建议	课堂学时
3. 化妆设计与造型	3-2 化妆造型	(2) 新娘妆调整技法	1) 西式新娘妆调整技法 ①肤色调整 ②五官轮廓调整 ③面部整体调整 2) 中式新娘妆调整技法 ①肤色调整 ②五官轮廓调整 ③面部整体调整	(1) 方法：讲授法、案例教学法、观摩法 (2) 重点与难点：新娘妆调整技法	4
		(3) 新娘妆与服饰、婚礼主题搭配	1) 新娘妆与婚礼服装色彩的搭配 2) 新娘妆与婚礼服装款式的搭配 3) 新娘妆与婚礼主题的搭配	(1) 方法：讲授法、讨论法、案例教学法 (2) 重点与难点：新娘妆与婚礼服装、主题的搭配	1
		(4) 新娘妆化妆操作	1) 西式新娘妆化妆操作 ①甜美风格 ②高贵风格 2) 中式新娘妆化妆操作	(1) 方法：讲授法、实物示教法、观摩法 (2) 重点与难点：中西式新娘妆化妆操作	4
4. 发型设计与造型	4-1 发型设计	(1) 新娘发型设计要点	1) 发型与顾客体貌的匹配 ①发型与脸形的匹配 ②发型与体形的匹配 2) 发型与顾客需求、性格的匹配 3) 发型与婚礼场合的匹配 4) 发型与发饰的匹配 ①新娘发饰的分类与特点 ②不同风格新娘发饰搭配技巧	(1) 方法：讲授法、案例教学法 (2) 重点与难点： 1) 新娘发型的风格类型把握 2) 新娘发型与性格的匹配设计 3) 新娘发饰与发型的匹配设计	1
		(2) 新娘发型设计方案制订	1) 新娘发型设计方案制订要素 ①顾客外形要素 ②顾客需求、性格要素 ③婚礼场合要素 2) 新娘发型设计方案制订方法	(1) 方法：讲授法、讨论法、演示法、案例教学法 (2) 重点与难点：新娘发型设计方案制订方法	1

续表

模块	课程	学习单元	课程内容	培训建议	课堂学时
4. 发型设计与造型	4-2 发型造型	（1）新娘发型刘海造型	1）新娘发型刘海款式 2）刘海对脸形的修饰作用 3）刘海造型方法	（1）方法：讲授法、讨论法、案例教学法、观摩法 （2）重点与难点：刘海造型方法	3
		（2）新娘发型量感造型	1）短发新娘发型量感造型 ①短发新娘发型特点 ②短发新娘发量调节 ③短发新娘发型造型方法 2）中长发新娘发型量感造型 ①中长发新娘发型特点 ②中长发新娘发量调节 ③中长发新娘发型造型方法 3）长发新娘发型量感造型 ①长发新娘发型特点 ②长发新娘发量调节 ③长发新娘发型造型方法	（1）方法：讲授法、演示法、案例教学法、观摩法 （2）重点与难点： 1）三种典型发长修饰作用 2）三种典型发长造型方法	3
		（3）新娘发型制作工具	1）新娘发型制作基本工具 2）电热造型工具 ①电热造型工具分类与特点 ②电热造型工具使用方法	（1）方法：讲授法、演示法、案例教学法、实物示教法、观摩法 （2）重点与难点： 1）工具的分类和基本应用技法 2）新娘发型基本制作手法 3）不同风格新娘发型的制作方法	1
		（4）新娘发型制作	1）发卷制作 2）波纹制作 3）扎髻制作 4）包髻制作		4
		（5）甜美风格新娘发型制作	1）甜美风格新娘发型特点 2）甜美风格新娘发型制作 3）甜美风格新娘发饰搭配		6

续表

模块	课程	学习单元	课程内容	培训建议	课堂学时
4．发型设计与造型	4-2 发型造型	（6）高贵风格新娘发型制作	1）高贵风格新娘发型特点 2）高贵风格新娘发型制作 3）高贵风格新娘发饰搭配	（1）方法：讲授法、演示法、案例教学法、实物示教法、观摩法 （2）重点与难点： 1）工具的分类和基本应用技法 2）新娘发型基本制作手法 3）不同风格新娘发型的制作方法	6
		（7）中式风格新娘发型制作	1）中式风格新娘发型特点 2）中式风格新娘发型制作 3）中式风格新娘发饰搭配		6
5．美甲设计与造型	5-1 美甲设计	（1）新娘美甲贴片选择	1）新娘美甲贴片概述 ①贴片类型 ②贴片长度 ③贴片风格 2）服饰造型与美甲贴片 ①西式礼服造型的美甲贴片 ②中式礼服造型的美甲贴片 3）不同婚礼场合的美甲贴片 ①西式婚礼场合 ②中式婚礼场合	（1）方法：讲授法、案例教学法 （2）重点与难点： 1）新娘美甲贴片的知识讲解 2）新娘美甲贴片的选择和设计方法	1
		（2）新娘款式甲分类与设计	1）新娘款式甲分类 ①外形分类 ②色系分类 ③风格分类 2）新娘造型风格与款式甲设计 ①西式风格 ②中式风格	（1）方法：讲授法、案例教学法 （2）重点与难点：新娘造型风格与款式甲设计	2

模块	课程	学习单元	课程内容	培训建议	课堂学时
5. 美甲设计与造型	5-2 美甲造型	（1）新娘款式甲制作	1）新娘款式甲贴片处理 ①贴片选择 ②贴片前缘修整	（1）方法：讲授法、演示法、案例教学法、实物示教法 （2）重点与难点：新娘款式甲贴片选择、修整与制作	3
			2）新娘款式甲制作		
		（2）不同风格新娘的甲片制作	1）甜美风格新娘款式甲制作	（1）方法：讲授法、演示法、案例教学法、实物示教法、观摩法 （2）重点与难点：不同风格新娘造型的款式甲制作	4
			2）高贵风格新娘款式甲制作		
			3）中式风格新娘款式甲制作		
			4）甲片粘贴与卸除方法		
课堂学时合计					68

2.2.4 三级／高级工职业技能培训课程规范

模块	课程	学习单元	课程内容	培训建议	课堂学时
1. 形象咨询与定位	1-1 形象咨询	（1）顾客咨询服务与指导	1）顾客形象分析	（1）方法：讲授法、演示法 （2）重点与难点：顾客形象分析方法	1
			2）顾客保健指导		
		（2）宴会形象设计方案制订	1）宴会形象设计分析	（1）方法：讲授法、案例教学法 （2）重点与难点：宴会形象设计分析	1
			2）宴会形象设计方案制订		
	1-2 形象定位	（1）个人形象定位与流行元素应用	1）个人形象定位	（1）方法：讲授法、讨论法、案例教学法 （2）重点与难点：流行元素、流行色与人物匹配的思维方式	2
			2）流行元素应用		

续表

模块	课程	学习单元	课程内容	培训建议	课堂学时
1. 形象咨询与定位	1-2 形象定位	(2) 宴会形象定位	1) 宴会服装风格定位 2) 宴会发型风格定位 3) 宴会化妆风格定位	(1) 方法：讲授法、案例教学法 (2) 重点与难点：宴会整体形象定位方法	1
2. 服饰设计与搭配	2-1 服饰设计	(1) 宴会服饰设计思维与配色应用	1) 宴会服饰设计思维 ①人物风格分析 ②社会角色分析 ③服饰风格定位 2) 宴会服饰配色设计 ①服饰色彩搭配 ②流行色的应用	(1) 方法：讲授法、讨论法、案例教学法 (2) 重点与难点： 1) 服饰风格的分析和定位 2) 服饰配色的方法	1
		(2) 宴会服饰分类与设计	1) 宴会服饰分类 ①生活宴会 ②时尚宴会 2) 宴会服饰设计	(1) 方法：讲授法、讨论法、案例教学法 (2) 重点与难点：宴会服饰设计方法	1
	2-2 服饰搭配	宴会服饰搭配	1) 宴会服饰款式搭配 ①生活宴会服饰款式搭配 ②时尚宴会服饰款式搭配 2) 宴会服饰色彩搭配 ①生活宴会服饰色彩搭配 ②时尚宴会服饰色彩搭配	(1) 方法：讲授法、讨论法、案例教学法 (2) 重点与难点：宴会服饰款式与色彩搭配	2
3. 化妆设计与造型	3-1 化妆设计	(1) 宴会妆分类与特点	1) 生活宴会妆 2) 时尚宴会妆	(1) 方法：讲授法、案例教学法 (2) 重点与难点：宴会妆分类与特点	1
		(2) 流行色与宴会妆配色方案制订	1) 流行色应用 ①流行色分析 ②流行色筛选 2) 宴会妆配色方案制订 ①宴会妆配色方案与流行色的结合方法 ②宴会妆配色方案与顾客体貌风格的匹配	(1) 方法：讲授法、讨论法、案例教学法 (2) 重点与难点：宴会妆配色方案制订	1

续表

模块	课程	学习单元	课程内容	培训建议	课堂学时
3. 化妆设计与造型	3-1 化妆设计	（3）不同场合宴会妆设计方案制订	1）生活宴会妆设计方案制订 2）时尚宴会妆设计方案制订	（1）方法：讲授法、案例教学法 （2）重点与难点：不同场合宴会妆设计方案制订	1
	3-2 化妆造型	（1）人物风格、社会角色与宴会化妆	1）不同人物风格的宴会化妆 ①端庄典雅 ②时尚动感 2）不同社会角色的宴会化妆 ①商务精英 ②时尚媒体	（1）方法：讲授法、案例教学法 （2）重点与难点： 1）风格宴会妆特征 2）宴会妆与社会角色的匹配	1
		（2）宴会类型与化妆配色	1）生活宴会妆配色 ①生活宴会妆配色方案 ②生活宴会妆配色调整 2）时尚宴会妆配色 ①时尚宴会妆配色方案 ②时尚宴会妆配色调整	（1）方法：讲授法、演示法、案例教学法、观摩法 （2）重点与难点：宴会妆配色调整	2
		（3）宴会类型与化妆技法	1）生活宴会化妆技法 ①生活宴会化妆步骤 ②生活宴会化妆调整方法 2）时尚宴会化妆技法 ①时尚宴会化妆步骤 ②时尚宴会化妆调整方法	（1）方法：讲授法、演示法、实物示教法 （2）重点与难点：不同类型的宴会化妆技法	4
4. 发型设计与造型	4-1 发型设计	（1）发型效果图绘制	1）发型效果图绘制要点 2）发型效果图绘制方法	（1）方法：讲授法、演示法、案例教学法、实物示教法 （2）重点与难点： 1）发型效果图绘制方法 2）假发设计要点	2
		（2）假发设计要点	1）假发造型 2）假发髻与真发结合 3）假发片与真发结合		1

续表

模块	课程	学习单元	课程内容	培训建议	课堂学时
4．发型设计与造型	4-1 发型设计	(3) 宴会发型设计要点	1) 发型与顾客体貌的匹配 2) 发型与顾客需求、性格的匹配 3) 发型与顾客社会角色的匹配 4) 发型与宴会场合的匹配	(1) 方法：讲授法、案例教学法 (2) 重点与难点：发型设计的思维方法	1
		(4) 宴会发型设计方案制订	1) 宴会发型设计方案制订要素 2) 宴会发型设计方案制订方法	(1) 方法：讲授法、案例教学法 (2) 重点与难点：宴会发型设计方案制订要素	1
	4-2 发型造型	(1) 风格发型梳理	1) 风格发型梳理的基本手法 2) 风格发型梳理手法的综合运用	(1) 方法：讲授法、演示法、案例教学法、观摩法 (2) 重点与难点：风格发型梳理手法的综合运用	4
		(2) 假发和真发结合的造型方法	1) 假发制作 ①假发片、假发包制作 ②假发髻制作 2) 假发和真发的衔接梳理 ①假发片与真发的衔接梳理 ②假发包与真发的衔接梳理 ③假发髻与真发的衔接梳理	(1) 方法：讲授法、演示法、案例教学法、实物示教法 (2) 重点与难点：真假发结合梳理技巧	4
		(3) 宴会发型梳理与装饰	1) 宴会发型梳理操作规范 2) 宴会发型梳理主要手法 3) 不同类型宴会发型梳理和装饰 ①生活宴会发型 ②时尚宴会发型	(1) 方法：讲授法、演示法、案例教学法、实物示教法 (2) 重点与难点：宴会发型梳理	4

课程规范（三级／高级工）

续表

模块	课程	学习单元	课程内容	培训建议	课堂学时
5. 美甲设计与造型	5-1 美甲设计	（1）个性美甲设计	1）个性美甲款式设计构思 2）个性美甲设计方案制订	（1）方法：讲授法、案例教学法 （2）重点与难点：个性美甲款式设计构思	1
		（2）美甲款式设计	1）美甲款式设计要素 ①构图 ②色彩 ③风格 2）美甲彩绘设计 3）美甲饰品搭配设计	（1）方法：讲授法、案例教学法、观摩法 （2）重点与难点：甲片构图设计	1
	5-2 美甲造型	（1）风格款式甲制作	1）人物风格与款式甲选配 2）个性款式甲制作 ①风格定位 ②图稿设计 ③甲片绘制	（1）方法：讲授法、演示法、案例教学法、实物示教法 （2）重点与难点： 1）人物风格与款式甲选配 2）个性款式甲制作	4
		（2）美甲饰品应用	1）美甲饰品选择与搭配 2）美甲饰品粘接 3）美甲饰品卸除	（1）方法：讲授法、演示法、案例教学法、实物示教法 （2）重点与难点：美甲饰品粘接	4
		（3）手绘美甲	1）手绘技法类别 ①晕染 ②渐变 ③线条 ④基本花卉 ⑤基本图形 2）手绘技法综合运用	（1）方法：讲授法、演示法、案例教学法、实物示教法、观摩法 （2）重点与难点：手绘技法综合运用	2

055

模块	课程	学习单元	课程内容	培训建议	课堂学时
5.美甲设计与造型	5-2 美甲造型	（4）宴会甲设计与制作	1）宴会类型与款式甲搭配 ①生活宴会 ②时尚宴会 2）宴会甲造型制作 ①风格定位 ②图稿设计 ③甲片绘制 ④装饰点缀	（1）方法：讲授法、演示法、案例教学法、项目教学法、实物示教法 （2）重点与难点： 1）宴会甲设计 2）甲片彩绘技巧 3）饰品搭配运用	4
课堂学时合计					52

2.2.5 二级/技师职业技能培训课程规范

模块	课程	学习单元	课程内容	培训建议	课堂学时
1.服饰设计与搭配	1-1 服饰设计	（1）时尚服饰设计	1）时尚服饰设计思路 2）流行元素在时尚服饰设计中的应用	（1）方法：讲授法、讨论法、案例教学法 （2）重点与难点：时尚服饰设计思路	1
		（2）时尚表演服饰设计	1）时尚表演服饰设计思路 2）时尚主题展示服饰搭配和改制设计方案制订	（1）方法：讲授法、讨论法、案例教学法 （2）重点与难点：时尚表演服饰设计方案制订逻辑	1
	1-2 服饰搭配	（1）科技新风主题时尚展示搭配	1）科技新风服饰造型重构与材料再造 2）科技新风服饰搭配细节表现	（1）方法：讲授法、案例教学法、观摩法 （2）重点与难点： 1）时尚展示服饰搭配的思路和手法 2）时尚展示服饰搭配的细节创意处理方法	2
		（2）民族风主题时尚展示搭配	1）民族时尚风服饰造型重构与材料再造 2）民族时尚风服饰搭配细节表现		2

续表

模块	课程	学习单元	课程内容	培训建议	课堂学时
2. 化妆设计与造型	2-1 化妆设计	(1) 时尚化妆设计	1) 时尚化妆造型设计思路 2) 光影与时尚化妆设计构思 3) 流行元素与时尚化妆设计构思	(1) 方法：讲授法、讨论法、演示法、案例教学法 (2) 重点与难点： 1) 光影与妆容设计的协调关系 2) 流行元素的分析和应用方法	1
		(2) 面部彩绘设计	1) 时尚面部彩绘设计方法 ①主题图案形态构思 ②主题图案分析和细化 2) 时尚面部彩绘表现方法	(1) 方法：讲授法、案例教学法、观摩法 (2) 重点与难点：时尚面部彩绘设计与表现方法	1
		(3) 时尚表演化妆设计	1) 时尚主题分析 2) 妆容展示风格定位 3) 时尚表演妆容设计方案制订	(1) 方法：讲授法、演示法、案例教学法 (2) 重点与难点：主题图案的分析和细化方法分类	1
	2-2 化妆造型	(1) 时尚化妆造型	1) 时尚化妆造型基本要求 ①符合时尚造型要求的化妆方法 ②符合时尚摄影环境要求的化妆方法 2) 时尚化妆造型与流行元素的结合方法 ①流行元素在时尚化妆中的表现形态 ②流行元素在时尚化妆中的表现技法 ③特殊材料、流行元素符号的表现	(1) 方法：讲授法、演示法、案例教学法、观摩法 (2) 重点与难点： 1) 时尚摄影器材和光影设置对妆容实施的要求 2) 流行元素在时尚化妆中的实施技巧	4
		(2) 时尚面部彩绘	1) 面部彩绘化妆步骤 2) 局部彩绘化妆技法 3) 大面积彩绘化妆技法	(1) 方法：讲授法、演示法、案例教学法、实物示教法 (2) 重点与难点：面部彩绘化妆技法	4

续表

模块	课程	学习单元	课程内容	培训建议	课堂学时
2. 化妆设计与造型	2-2 化妆造型	(3) 时尚表演化妆造型	1) 时尚表演化妆造型操作要点	(1) 方法：讲授法、演示法、实训（练习）法、项目教学法、实物示教法 (2) 重点与难点：时尚表演化妆操作要点	4
			2) 时尚表演化妆造型表现技法		
		(4) 应急换妆	1) 应急换妆定义和要求	(1) 方法：讲授法、演示法、案例教学法、观摩法 (2) 重点与难点：应急换妆实施技法	2
			2) 应急换妆实施技法		
3. 发型设计与造型	3-1 发型设计	(1) 时尚发型设计	1) 时尚发型设计思路	(1) 方法：讲授法、讨论法、案例教学法 (2) 重点与难点： 1) 时尚造型的表现力要求 2) 流行元素在发型设计中的体现和表现方式 3) 假发件和发饰的时尚表现方法	1
			2) 摄影环境对时尚发型设计的要求		
			3) 时尚发型设计与流行元素运用 ①流行元素在时尚发型设计中的运用 ②流行元素与假发件设计		
			4) 时尚发饰设计与流行元素运用		
		(2) 时尚表演发型设计	1) 时尚表演发型分类与设计思路	(1) 方法：讲授法、演示法、案例教学法 (2) 重点与难点： 1) 时尚表演发型分类与设计思路 2) 时尚表演发型效果图表现方法	1
			2) 时尚表演发型设计方法		
	3-2 发型造型	(1) 时尚发型造型方法	1) 时尚造型、摄影环境对发型的要求	(1) 方法：讲授法、案例教学法、观摩法 (2) 重点与难点：时尚发型造型手法	4
			2) 时尚发型造型手法		

续表

模块	课程	学习单元	课程内容	培训建议	课堂学时
3．发型设计与造型	3-2 发型造型	（2）创意发型附件制作	1）创意假发件制作方法	（1）方法：讲授法、案例教学法、实物示教法 （2）重点与难点：创意假发件与发饰制作要点	3
			2）创意发饰制作方法		
		（3）流行元素与时尚发型制作	1）时尚发型制作基本方法	（1）方法：讲授法、演示法、案例教学法、实物示教法、观摩法 （2）重点与难点：流行元素在时尚发型、发饰中的体现方法	4
			2）流行元素在时尚发型制作中的体现方法		
			3）流行元素在时尚发饰使用中的体现方法		
		（4）时尚表演发型制作	1）时尚表演发型制作要点	（1）方法：讲授法、演示法、案例教学法、实物示教法、观摩法 （2）重点与难点：时尚表演发型制作要点	4
			2）时尚表演发型制作方法		
4．培训与管理	4-1 培训	（1）教学大纲编写	1）教学大纲内容组成	（1）方法：讲授法、讨论法、案例教学法 （2）重点与难点：教学大纲编写方法	2
			2）教学大纲编写方法		
		（2）技术培训实施	1）培训教案编写方法	（1）方法：讲授法、案例教学法、情景表演法 （2）重点与难点： 1）培训教案编写方法 2）课堂教学过程组织	1
			2）课堂教学过程组织		

续表

模块	课程	学习单元	课程内容	培训建议	课堂学时
4．培训与管理	4-1 培训	（3）技能指导与考核	1）技能指导前的准备 2）技能指导的组织和实施 ①讲解 ②课堂演示和练习安排 ③技能实操指导和管理 3）技能考核方法 ①技能水平测试 ②理论水平测试 ③服务礼仪测试 ④综合评定	（1）方法：讲授法、讨论法、演示法、案例教学法 （2）重点与难点： 1）技能指导的组织和实施 2）技能考核方法	1
		（4）专业技术报告撰写	1）形象方案设计技术报告撰写方法 2）形象方案实施技术报告撰写方法	（1）方法：讲授法、讨论法、案例教学法 （2）重点与难点：专业技术报告撰写方法	2
	4-2 管理	（1）服务质量管理	1）服务质量管理概述 2）服务质量处理方法	（1）方法：讲授法、案例教学法 （2）重点与难点：服务质量要求和处理方法	1
		（2）服务质量评估与提升	1）形象方案设计与实施的服务质量评估 ①形象方案设计服务质量评估 ②形象方案实施服务质量评估 2）形象方案设计与实施的服务质量提升 ①形象方案设计服务质量提升 ②形象方案实施服务质量提升	（1）方法：讲授法、讨论法、案例教学法 （2）重点与难点：服务质量评估方案的分类和分析	1
		（3）店务日常管理	1）门店陈设及卫生管理 2）门店人员服务管理	（1）方法：讲授法、讨论法、参观法、情景表演法 （2）重点与难点：店务日常管理	1
课堂学时合计					49

2.2.6 一级/高级技师职业技能培训课程规范

模块	课程	学习单元	课程内容	培训建议	课堂学时
1. 服饰设计与搭配	1-1 服饰设计	(1) 艺术创意服饰搭配与制作设计方案制订	1) 艺术创意服饰搭配设计方案制订 ①主题分析 ②设计构思 ③方案制订 2) 艺术创意服饰制作设计方案制订 ①物料准备 ②工艺实施方案	(1) 方法：讲授法、案例教学法 (2) 重点与难点：艺术创意服饰设计方案制订	1
		(2) 艺术创意服饰效果图绘制	1) 人体绘制方法 2) 着装效果图绘制方法	(1) 方法：讲授法、演示法、实物示教法、观摩法 (2) 重点与难点：艺术创意服饰设计效果图绘制方法	2
	1-2 服饰搭配	(1) 艺术创意服饰制作与改造	1) 艺术创意服饰制作 ①坯样制作 ②服装制作 2) 艺术创意服饰改造 ①服装基样选择 ②材料选择与二次设计 ③服装改造	(1) 方法：讲授法、演示法、案例教学法、观摩法 (2) 重点与难点： 1) 坯样制作 2) 材料二次设计	4
		(2) 创意配饰制作	1) 配饰材料选择 2) 配饰工艺实施	(1) 方法：讲授法、演示法、案例教学法、实物示教法 (2) 重点与难点：配饰制作材料与工艺的结合	2
2. 化妆设计与造型	2-1 化妆设计	(1) 艺术创意妆容设计	1) 艺术创意妆容主题分析 2) 艺术创意妆容设计方案制订	(1) 方法：讲授法、演示法、案例教学法 (2) 重点与难点：艺术创意妆容主题分析	2

续表

模块	课程	学习单元	课程内容	培训建议	课堂学时
2. 化妆设计与造型	2-1 化妆设计	(2) 创意彩绘设计	1) 创意彩绘设计构思 ①主题解析 ②设计元素筛选 ③设计图案细化 2) 创意彩绘设计方案制订	(1) 方法：讲授法、演示法、实训（练习）法、实物示教法 (2) 重点与难点：创意彩绘方案的效果图体现	1
		(3) 创意面饰设计	1) 创意面饰设计构思 ①主题解析 ②材料选择 ③造型创作 2) 创意面饰设计方案制订	(1) 方法：讲授法、演示法、案例教学法 (2) 重点与难点：创意面饰材料的选择和形态组合的设计	1
	2-2 化妆造型	(1) 艺术创意妆容塑造	1) 艺术创意妆容设计方案分析 2) 艺术创意妆容实施方法 3) 艺术创意妆容整体调整	(1) 方法：讲授法、演示法、实物示教法 (2) 重点与难点： 1) 艺术创意妆容设计方案的解读 2) 艺术创意妆容实施规范和调整要点	4
		(2) 艺术创意彩绘绘制	1) 艺术创意彩绘材料、工具选用 2) 艺术创意彩绘实施要点 3) 艺术创意彩绘操作规范	(1) 方法：讲授法、演示法、实物示教法 (2) 重点与难点：艺术创意彩绘材料选用和操作规范	3
		(3) 艺术创意面饰制作	1) 艺术创意面饰材料选用 2) 艺术创意面饰实施要点 3) 艺术创意面饰制作表现	(1) 方法：讲授法、演示法、案例教学法、实物示教法 (2) 重点与难点： 1) 艺术创意面饰实施要点 2) 面饰与妆容整体效果的协调	3

续表

模块	课程	学习单元	课程内容	培训建议	课堂学时
3. 发型设计与造型	3-1 发型设计	(1) 主题创意发型设计	1) 主题创意发型设计原则 ①主题解读 ②发型设计表现语言选用 2) 主题创意发型设计方法 3) 主题创意发型设计方案制订	(1) 方法：讲授法、案例教学法 (2) 重点与难点： 1) 主题创意发型设计方法解析 2) 主题创意发型效果图绘制方法	2
		(2) 主题创意发型假发件设计	1) 主题创意发型假发件形态类别 2) 主题创意发型假发件设计方法	(1) 方法：讲授法、讨论法、案例教学法 (2) 重点与难点：主题创意假发件设计方法	2
		(3) 主题创意发型发饰设计	1) 主题创意发饰形态类别 2) 主题创意发饰设计方法	(1) 方法：讲授法、案例教学法 (2) 重点与难点：主题创意发饰设计方法	2
	3-2 发型造型	(1) 主题创意发型制作	1) 主题创意发型制作要点 2) 主题创意发型制作方法	(1) 方法：讲授法、演示法、案例教学法、实物示教法 (2) 重点与难点：主题创意发型制作要点	4
		(2) 主题创意发饰制作	1) 主题创意发饰制作要点 2) 主题创意发饰制作方法	(1) 方法：讲授法、演示法、案例教学法、实物示教法 (2) 重点与难点：主题创意发饰制作要点	4
4. 培训与管理	4-1 培训	(1) 教学活动方案编写	1) 教学活动方案编写要求 2) 教学活动方案编写方法	(1) 方法：讲授法、案例教学法 (2) 重点与难点：教学活动方案编写方法	2

续表

模块	课程	学习单元	课程内容	培训建议	课堂学时
4．培训与管理	4-1 培训	（2）培训实施	1）教学培训方法概述	（1）方法：讲授法、讨论法、案例教学法 （2）重点与难点：教学培训方法应用	1
			2）教学培训方法应用		
		（3）形象设计培训实施评估	1）课程实施方案评估	（1）方法：讲授法 （2）重点与难点：评估方案制订	1
			2）实操考核方案评估		
			3）理论题库评估		
			4）评估方案制订		
		（4）专业技术创新报告撰写	1）形象方案设计创新报告撰写	（1）方法：讲授法、案例教学法 （2）重点与难点： 1）专业创新点提炼 2）技术创新论文写作逻辑与技巧	4
			2）形象方案实施创新报告撰写		
	4-2 管理	（1）技术管理与创新	1）多媒体培训课件制作与应用	（1）方法：讲授法、演示法、案例教学法、项目教学法、实物示教法 （2）重点与难点： 1）线上教学资源建设 2）线上线下联动的培训教学模式建设	1
			2）线上线下联动技术管理模式		
		（2）市场行业调研与动态分析	1）市场行业调研	（1）方法：讲授法、讨论法、案例教学法、观摩法 （2）重点与难点：市场行业调研方法	1
			2）市场行业动态分析		
		（3）店务运营与营销管理	1）店务运营管理	（1）方法：讲授法、讨论法、案例教学法 （2）重点与难点：店务运营与营销管理	1
			2）店务营销管理		
课堂学时合计					48

2.2.7 培训建议中培训方法说明

（1）讲授法

讲授法指教师主要运用语言讲述，系统地向学员传授知识，传播思想理念的教学方法，即教师通过叙述、描绘、解释、推论来传递信息、传授知识、阐明概念、论证定律和公式，引导学员获取知识，认识和分析问题。

（2）讨论法

讨论法指在教师的指导下，学员以班级或小组为单位，围绕学习单元的内容，对某一专题进行深入探讨，通过讨论或辩论活动获得知识或巩固知识的教学方法，要求教师在讨论结束时对讨论的主题做归纳性总结。

（3）实训（练习）法

实训（练习）法指学员在教师的指导下巩固知识、运用知识，形成技能技巧的教学方法，通过实际操作的练习形成操作技能。

（4）参观法

参观法指教师组织或指导学员进行实地观察、调查、研究和学习，使学员获得新知识或巩固已学知识的教学方法。参观法可细分为准备性参观、并行性参观、总结性参观等。

（5）演示法

演示法指在教学过程中，教师通过示范操作和讲解使学员获得知识、技能的教学方法。教学中，教师对操作内容进行现场演示，边操作边讲解，强调操作的关键步骤和注意事项，使学员边学边做，理论与技能并重，师生互动，提高学生的学习兴趣和学习效率。

（6）案例教学法

案例教学法指通过对案例进行分析，提出问题，分析问题，并找到解决问题的途径和手段，培养学员分析问题、处理问题能力的教学方法。

（7）项目教学法

项目教学法指以实际应用为目的，将理论知识与实际工作相结合，通过师生共同完成一个完整的项目工作，使学员获得知识、实践操作能力与解决实际问题能力的教学方法。其实施以小组为学习单位，一般分为确定项目任务、计划、决策、实施、检查、评价6个步骤。强调学员在学习过程中的主体地位，以学员为中心，以学员学习为主、教师指导为辅，通过完成教学项目，激发学员的学习积极性，使学员既获得相关理论知识,又掌握实践技能和工作方法,提高学员解决实际问题的综合能力。

(8)角色扮演法

角色扮演法指学员通过不同角色的扮演,体验自身角色的内涵活动和对方角色的心理,充分展现各种角色的"为"和"位"的教学方法。

(9)情景表演法

情景表演法指教师在实施培训前事先准备和布置培训现场,并设定情景表演的情景、对话内容及评估标准,通过学员现场的情景表演活动及教师对活动效果的及时评估,达到培训的预期效果的教学方法。

(10)实物示教法

实物示教法指教师通过实物的操作演示或对学员实物操作演示的评价,实现对学员技能操作步骤和要领掌握情况的检查、纠错、修正,并演示正确操作方法的教学方法。

(11)观摩法

观摩法指让学员通过现场观摩、观看视频等形式,学习、获取知识、技能的教学方法。

2.3 考核规范

2.3.1 职业基本素质培训考核规范

考核范围	考核比重（%）	考核内容	考核比重（%）	考核单元
1. 职业与职业道德	5	1-1 职业认知	2	职业认知
		1-2 职业道德基本知识	2	职业道德基本知识
		1-3 职业守则	1	形象设计师职业守则
2. 形象设计基础知识	10	2-1 形象设计起源与发展	4	(1) 形象设计概述
				(2) 中国形象设计发展简史
				(3) 西方形象设计发展简史

续表

考核范围	考核比重（%）	考核内容	考核比重（%）	考核单元
2. 形象设计基础知识	10	2-2 形象设计美学基本原理	4	(1) 美与人体审美
				(2) 形象设计要素
				(3) 形象设计形式美原则
		2-3 形象设计分类	2	(1) 生活形象
				(2) 舞台影视形象
				(3) 时尚展示形象
3. 素描与色彩基础知识	10	3-1 素描基础知识	5	(1) 素描概述
				(2) 素描工具及学习准备
				(3) 几何体素描
				(4) 人物肖像素描
		3-2 色彩基础知识	5	(1) 色彩学认知
				(2) 色彩观察写生
				(3) 色彩配置设计实践
4. 服饰基础知识	15	4-1 服装起源与发展规律	3	服装起源与发展规律
		4-2 服装基本款型	3	服装基本款型
		4-3 服装色彩	3	(1) 服装色彩基本配色方法
				(2) 服装色彩表现风格
		4-4 服装面料	3	服装面料
		4-5 服装分类与特征	3	服装分类与特征
5. 化妆基础知识	15	5-1 化妆美学	3	(1) 化妆色彩之美
				(2) 化妆形状之美
				(3) 化妆气质之美
		5-2 化妆品及化妆工具选用	4	(1) 化妆品选用
				(2) 化妆工具选用
		5-3 面部皮肤护理基础知识	4	(1) 清洁与妆前护理
				(2) 卸妆与保养
		5-4 化妆妆型分类	4	化妆妆型分类

续表

考核范围	考核比重（%）	考核内容	考核比重（%）	考核单元
6. 发型基础知识	15	6-1 头发护理知识	2	头发护理知识
		6-2 发型分类与表现风格	3	发型分类与表现风格
		6-3 发型与脸形的关系	4	发型与脸形的关系
		6-4 发型与形象设计的关系	4	发型与形象设计的关系
		6-5 发型工具分类与使用	2	发型工具分类与使用
7. 美甲基础知识	10	7-1 指甲结构、生长及异常处理	2	（1）指甲结构与生长 （2）指甲异常处理
		7-2 美甲工具分类	2	美甲工具分类
		7-3 甲油、甲油胶分类与特点	2	甲油、甲油胶分类与特点
		7-4 贴片甲的分类、特点与颜色	2	贴片甲分类、特点与颜色
		7-5 彩绘甲的特点与表现方法	2	彩绘甲特点与表现方法
8. 形象设计师职业形象	5	8-1 形象设计师仪容仪表	1	形象设计师仪容仪表
		8-2 形象设计师语言规范	2	形象设计师语言规范
		8-3 形象设计师服务礼仪	2	形象设计师服务礼仪
9. 顾客心理学	5	9-1 心理学与顾客心理学概述	2	心理学与顾客心理学概述
		9-2 顾客心理分析	2	顾客心理分析
		9-3 顾客消费动机分析	1	顾客消费动机分析
10. 卫生消毒与消防安全	5	10-1 卫生消毒	3	（1）微生物常识 （2）器具卫生消毒 （3）场所卫生消毒
		10-2 消防安全	2	消防安全
11. 相关法律、法规知识	5	11-1 相关法律知识	3	相关法律知识
		11-2 相关法规知识	2	相关法规知识

2.3.2 五级/初级工职业技能培训理论知识考核规范

考核范围	考核比重(%)	考核内容	考核比重(%)	考核单元
1. 形象咨询与定位	10	1-1 形象咨询	5	(1) 顾客接待与迎送
				(2) 顾客咨询与档案填写
		1-2 形象定位	5	(1) 形象分类
				(2) 形象定位原则
				(3) 生活形象设计定位
2. 服饰设计与搭配	25	2-1 服饰设计	10	(1) 服饰款型与配色
				(2) 日常服饰设计方法
				(3) 职业服饰设计方法
		2-2 服饰搭配	15	(1) 服饰选择技巧
				(2) 服饰搭配技巧
3. 化妆设计与造型	25	3-1 化妆设计	10	(1) 化妆分类与特征
				(2) 化妆基本审美依据
				(3) 化妆配色原则
		3-2 化妆造型	15	(1) 化妆造型基本流程
				(2) 不同妆型化妆技法
				(3) 顾客外貌特征与化妆实施
				(4) 不同妆型配色方法
4. 发型设计与造型	25	4-1 发型设计	10	(1) 发型分类与特点
				(2) 发型设计要点
				(3) 发型与顾客条件的匹配
				(4) 发饰选用
		4-2 发型造型	15	(1) 发型用具、用品的选择与使用
				(2) 发型制作
				(3) 发饰搭配
5. 美甲设计与造型	15	5-1 美甲设计	5	(1) 指甲护理基础
				(2) 甲形设计
				(3) 美甲色彩设计
		5-2 美甲造型	10	(1) 不同类型指甲护理
				(2) 修甲
				(3) 甲油、甲油胶的涂抹与卸除

2.3.3　五级/初级工职业技能培训操作技能考核规范

考核范围	考核比重（%）	考核内容		考核比重（%）	考核形式	选考方式	考核时间（分钟）	重要程度
1．形象咨询与定位	10	1-1	形象咨询	5	机考	必考	60	Y
		1-2	形象定位	5				
2．服饰设计与搭配	25	2-1	服饰设计	10	机考	必考	30	Z
		2-2	服饰搭配	15	实操		30	X
3．化妆设计与造型	25	3-1	化妆设计	10	实操	必考	40	X
		3-2	化妆造型	15				
4．发型设计与造型	25	4-1	发型设计	10	实操	必考	40	X
		4-2	发型造型	15				
5．美甲设计与造型	15	5-1	美甲设计	5	机考	必考	30	Z
		5-2	美甲造型	10	实操		30	Y

说明：重要程度"X"表示核心要素，是鉴定中最重要、出现频率最高的内容，具有必备性、典型性的特点；"Y"表示一般要素，是鉴定中一般重要的内容；"Z"表示辅助要素，是鉴定中重要程度较低的内容。

2.3.4　四级/中级工职业技能培训理论知识考核规范

考核范围	考核比重（%）	考核内容		考核比重（%）	考核单元
1．形象咨询与定位	15	1-1	形象咨询	5	（1）顾客档案管理与维护
					（2）面部护理指导
					（3）新娘形象管理需求分析
		1-2	形象定位	10	（1）新娘形象测试
					（2）新娘形象风格定位
2．服饰设计与搭配	20	2-1	服饰设计	10	（1）新娘礼服类型设计
					（2）新娘礼服款型修饰设计
					（3）新娘礼服色调修饰设计
		2-2	服饰搭配	10	（1）甜美风格新娘礼服搭配
					（2）高贵风格新娘礼服搭配
					（3）中式风格新娘礼服搭配

续表

考核范围	考核比重（%）	考核内容	考核比重（%）	考核单元
3．化妆设计与造型	25	3-1 化妆设计	10	（1）新娘化妆分类与特点
				（2）新娘化妆方案制订
				（3）不同场合的新娘化妆设计
		3-2 化妆造型	15	（1）新娘妆前面部护理
				（2）新娘妆调整技法
				（3）新娘妆与服饰、婚礼主题搭配
				（4）新娘妆化妆操作
4．发型设计与造型	25	4-1 发型设计	10	（1）新娘发型设计要点
				（2）新娘发型设计方案制订
		4-2 发型造型	15	（1）新娘发型刘海造型
				（2）新娘发型量感造型
				（3）新娘发型制作工具
				（4）新娘发型制作
				（5）甜美风格新娘发型制作
				（6）高贵风格新娘发型制作
				（7）中式风格新娘发型制作
5．美甲设计与造型	15	5-1 美甲设计	5	（1）新娘美甲贴片选择
				（2）新娘款式甲分类与设计
		5-2 美甲造型	10	（1）新娘款式甲制作
				（2）不同风格新娘的甲片制作

2.3.5 四级／中级工职业技能培训操作技能考核规范

考核范围	考核比重（%）	考核内容	考核比重（%）	考核形式	选考方式	考核时间（分钟）	重要程度
1．形象咨询与定位	15	1-1 形象咨询	5	机考	必考	60	Y
		1-2 形象定位	10				
2．服饰设计与搭配	20	2-1 服饰设计	10	机考	必考	30	Z
		2-2 服饰搭配	10	实操		20	X
3．化妆设计与造型	25	3-1 化妆设计	10	实操	必考	40	X
		3-2 化妆造型	15				

续表

考核范围	考核比重（%）	考核内容	考核比重（%）	考核形式	选考方式	考核时间（分钟）	重要程度
4. 发型设计与造型	25	4-1 发型设计	10	实操	必考	60	X
		4-2 发型造型	15				
5. 美甲设计与造型	15	5-1 美甲设计	5	机考	必考	30	Z
		5-2 美甲造型	10	实操		50	X

2.3.6 三级/高级工职业技能培训理论知识考核规范

考核范围	考核比重（%）	考核内容	考核比重（%）	考核单元
1. 形象咨询与定位	10	1-1 形象咨询	5	（1）顾客咨询服务与指导
				（2）宴会形象设计方案制订
		1-2 形象定位	5	（1）个人形象定位与流行元素应用
				（2）宴会形象定位
2. 服饰设计与搭配	25	2-1 服饰设计	10	（1）宴会服饰设计思维与配色应用
				（2）宴会服饰分类与设计
		2-2 服饰搭配	15	宴会服饰搭配
3. 化妆设计与造型	25	3-1 化妆设计	10	（1）宴会妆分类与特点
				（2）流行色与宴会妆配色方案制订
				（3）不同场合宴会妆设计方案制订
		3-2 化妆造型	15	（1）人物风格、社会角色与宴会化妆
				（2）宴会类型与化妆配色
				（3）宴会类型与化妆技法
4. 发型设计与造型	25	4-1 发型设计	10	（1）发型效果图绘制
				（2）假发设计要点
				（3）宴会发型设计要点
				（4）宴会发型设计方案制订
		4-2 发型造型	15	（1）风格发型梳理
				（2）假发和真发结合的造型方法
				（3）宴会发型梳理与装饰

续表

考核范围	考核比重（%）	考核内容	考核比重（%）	考核单元
5. 美甲设计与造型	15	5-1 美甲设计	5	（1）个性美甲设计
				（2）美甲款式设计
		5-2 美甲造型	10	（1）风格款式甲制作
				（2）美甲饰品应用
				（3）手绘美甲
				（4）宴会甲设计与制作

2.3.7 三级/高级工职业技能培训操作技能考核规范

考核范围	考核比重（%）	考核内容	考核比重（%）	考核形式	选考方式	考核时间（分钟）	重要程度
1. 形象咨询与定位	10	1-1 形象咨询	5	机考	必考	60	Y
		1-2 形象定位	5				
2. 服饰设计与搭配	25	2-1 服饰设计	10	机考	必考	30	Z
		2-2 服饰搭配	15	实操		20	X
3. 化妆设计与造型	25	3-1 化妆设计	10	实操	必考	40	X
		3-2 化妆造型	15				
4. 发型设计与造型	25	4-1 发型设计	10	实操	必考	60	X
		4-2 发型造型	15				
5. 美甲设计与造型	15	5-1 美甲设计	5	机考	必考	30	Z
		5-2 美甲造型	10	实操		50	X

2.3.8 二级/技师职业技能培训理论知识考核规范

考核范围	考核比重（%）	考核内容	考核比重（%）	考核单元
1. 服饰设计与搭配	30	1-1 服饰设计	20	（1）时尚服饰设计
				（2）时尚表演服饰设计
		1-2 服饰搭配	10	（1）科技新风主题时尚展示搭配
				（2）民族风主题时尚展示搭配

续表

考核范围	考核比重（%）	考核内容	考核比重（%）	考核单元
2．化妆设计与造型	25	2-1 化妆设计	5	（1）时尚化妆设计
				（2）面部彩绘设计
				（3）时尚表演化妆设计
		2-2 化妆造型	20	（1）时尚化妆造型
				（2）时尚面部彩绘
				（3）时尚表演化妆造型
				（4）应急换妆
3．发型设计与造型	30	3-1 发型设计	10	（1）时尚发型设计
				（2）时尚表演发型设计
		3-2 发型造型	20	（1）时尚发型造型方法
				（2）创意发型附件制作
				（3）流行元素与时尚发型制作
				（4）时尚表演发型制作
4．培训与管理	15	4-1 培训	10	（1）教学大纲编写
				（2）技术培训实施
				（3）技能指导与考核
				（4）专业技术报告撰写
		4-2 管理	5	（1）服务质量管理
				（2）服务质量评估与提升
				（3）店务日常管理

2.3.9 二级/技师职业技能培训操作技能考核规范

考核范围	考核比重（%）	考核内容	考核比重（%）	考核形式	选考方式	考核时间（分钟）	重要程度
1．服饰设计与搭配	30	1-1 服饰设计	20	实操	必考	60	X
		1-2 服饰搭配	10				
2．化妆设计与造型	25	2-1 化妆设计	5	实操	必考	60	X
		2-2 化妆造型	20				
3．发型设计与造型	30	3-1 发型设计	10	实操	必考	60	X
		3-2 发型造型	20				

续表

考核范围	考核比重（%）	考核内容	考核比重（%）	考核形式	选考方式	考核时间（分钟）	重要程度
4．培训与管理	15	4-1 培训	10	机考	必考	120	Y
		4-2 管理	5				

2.3.10 一级/高级技师职业技能培训理论知识考核规范

考核范围	考核比重（%）	考核内容	考核比重（%）	考核单元
1．服饰设计与搭配	30	1-1 服饰设计	20	（1）艺术创意服饰搭配与制作设计方案制订
				（2）艺术创意服饰效果图绘制
		1-2 服饰搭配	10	（1）艺术创意服饰制作与改造
				（2）创意配饰制作
2．化妆设计与造型	30	2-1 化妆设计	10	（1）艺术创意妆容设计
				（2）创意彩绘设计
				（3）创意面饰设计
		2-2 化妆造型	20	（1）艺术创意妆容塑造
				（2）艺术创意彩绘绘制
				（3）艺术创意面饰制作
3．发型设计与造型	25	3-1 发型设计	5	（1）主题创意发型设计
				（2）主题创意发型假发件设计
				（3）主题创意发型发饰设计
		3-2 发型造型	20	（1）主题创意发型制作
				（2）主题创意发饰制作
4．培训与管理	15	4-1 培训	10	（1）教学活动方案编写
				（2）培训实施
				（3）形象设计培训实施评估
				（4）专业技术创新报告撰写
		4-2 管理	5	（1）技术管理与创新
				（2）市场行业动态分析
				（3）店务运营与营销管理

2.3.11 一级/高级技师职业技能培训操作技能考核规范

考核范围	考核比重（%）	考核内容	考核比重（%）	考核形式	选考方式	考核时间（分钟）	重要程度
1. 服饰设计与搭配	30	1-1 服饰设计	20	实操	必考	60	X
		1-2 服饰搭配	10				
2. 化妆设计与造型	30	2-1 化妆设计	10	实操	必考	60	X
		2-2 化妆造型	20				
3. 发型设计与造型	25	3-1 发型设计	5	实操	必考	60	X
		3-2 发型造型	20				
4. 培训与管理	15	4-1 培训	10	机考	必考	120	Y
		4-2 管理	5				